数学基礎コース=Q5

概説 確率統計
［第3版］

前園 宜彦 著

サイエンス社

サイエンス社のホームページのご案内
http://www.saiensu.co.jp
ご意見・ご要望は　rikei@saiensu.co.jp　まで．

第3版まえがき

　深層学習を使ったAIに人間の囲碁棋士が敗れるという出来事は囲碁ファンの一人としてショックが大きかった．深層学習はデータ解析においても活用できる手法として近年注目を浴びており，実データの解析で有益な成果を得ている．しかしこの分野は工学系の研究者が多く，解析が上手くいったことをフィードバックして体系化していくのは苦手としている人が多い．解析結果の解釈を的確に行うためには使っている手法の理解を深めることが重要で，統計の知識が必要となる．近年はビッグデータ解析のために，データサイエンスの分野が注目を浴びており，統計教育を主としたデータサイエンス関連の新学部も設立されている．

　統計的推測はシステム全体の関係を明らかにする必要はなく，特定の事項の関連性を明らかにして，それを基にしてその後の行動につなげていくときに有効に活用できる．実際，対象のすべてを記述することはほとんど不可能である．完全に記述できないときでも，その部分の影響を確率的な変動として捉え，関連を調べることは可能である．記述できないものを誤差として捉えて，確率的な構造を仮定し判断していくのが統計手法である．単なる統計のユーザーから脱却するためには，統計モデルの有用性と限界を認識し，目的に沿ったモデルの構築と修正を行っていけるようになることが重要である．そのために本書が役立ってくれれば幸いである．

　第3版の主な変更点は，第5章から第7章の統計的推測の例題について，フリーのコンピュータソフトである「R」による解析例を新たに付け加えたことである．入力例と出力例を掲載しており，そのまま入力して「R」の有用性を実感できるようになっている．

　最後に本書の執筆を進めて下さった九州大学名誉教授濱地敏弘先生，ならびに校正等でお世話になったサイエンス社田島伸彦氏，鈴木綾子氏と岡本健太郎氏に感謝の意を表したい．また「R」の解析例の作成に協力してもらった九州大学博士課程の留学生 Rizky Reza Fauzi 氏にも感謝する．

2018年7月　　　　　　　　　　　　　　　　　　　　　　　　　　前園宜彦

第2版まえがき

　本書を執筆して10年経過したが，確率・統計の役割はますます重要になっている．アメリカのサブプライムローンの問題に端を発する経済危機は金融工学に対する不信感を増大させている．筆者も経済学部に籍を置いていたときに関連する学会の大会に参加してきたが，いろいろな分野から研究者が参入しており，活気のある状況であった．しかし発表の多くは確率微分方程式に基づくモデルが大きな柱になっており，実際のデータに基づく統計手法についての改良はあまり見られなかった．もちろん確率微分方程式の意味を十分に理解して，その改良を進めている人が多かったが，中にはただ公式を当てはめて，派生証券の価格を強引に決めるという研究者も少なくなかった．データに基づく適切な統計解析を行っていれば，これほどの危機にはならなかったと思われる．医学の分野でも統計解析による根拠を明確にして，新薬や新しい治療法の有効性を示すことが要求されている．

　近年情報量規準やリサンプリング法など汎用性のある新しい手法も開発され，実用化されている．しかしこれらを使いこなすには，手法の背景にある理論を理解しないと適切な解析はできない．統計手法の有用性とその限界を知って適用すれば，有意義な成果が期待できる．そのための入門書として本書を活用していただければ幸いである．

　第2版の主な変更点は，第6章の統計的仮説検定において有意水準と棄却域の関係を明示した．また二元配置実験の項目を追加して，実験計画法の有用性が分かるようにした．第7章の回帰分析では決定係数の説明を加えた．さらに本文の内容がより分かりやすいように細かな点を改善した．

　最後に本書の執筆を薦めて下さった九州大学名誉教授濱地敏弘先生，ならびにお世話になったサイエンス社田島伸彦氏に改めて，感謝の気持ちを表したい．また，第2版の校正を手伝っていただいた鈴木綾子氏と中田真央氏にも感謝します．

2009年7月　　　　　　　　　　　　　　　　　　　　　　　　　　　前園宜彦

　　　本書の正誤表はサイエンス社HP内のサポートページを参照ください．

まえがき

　本書は大学の1, 2年生を念頭において，理系でも文系でも学習できるように書いた確率・統計の入門書である．

　数学的な知識としては，途中何ヶ所かで重積分および偏微分の記号を使っているが，簡単な内容であり，高校のレベルで十分である．1～3章の確率論の部分ではある程度証明を付けているが，後半では手法の導入の理解に力点をおき，数学的過ぎる証明は省略している．統計の学習には理論は不要で，データ解析の手法だけマスターすればよいという議論がある．しかし，ただ単に統計手法が利用できるだけでは，データ解析の場面においても，適切な解釈や新しい見地からの統計手法の利用はできない．やはり手法の由来を理解しなければ，統計の学習としては不十分である．このような理由で，確率・統計の考え方および手法を学習することに重点をおき，例題も入れて本書を構成した．

　講義の期間としては一年間30コマあれば十分であり，半期15コマでも適当に取捨選択してもらえれば可能と思われる．具体的には，各章の発展とある部分は省略し，例題の具体的な計算をある程度省略すればよい．また場合によっては1章および4章は省略可能である．実際，本書は筆者が九州大学の2年生の学生に半期15コマの講義として行った経験に基づいて書いたものである．

　近年のコンピュータ環境の激変によって，Excel, Lotus1-2-3を使って統計的な処理を日常的に行わなければならない環境になっている．また金融工学を理解するためには確率・統計の知識が不可欠であるし，データの処理においては統計的センスがないとどの分野においても，通用しなくなってきている．このような状況において，本書を確率・統計の入門書として活用していただければ幸いである．

　最後に本書の執筆を薦めて下さった九州大学濱地敏弘教授，ならびにお世話になったサイエンス社の田島伸彦氏，鈴木綾子氏に心から感謝の気持ちを表したい．

1999年10月　　　　　　　　　　　　　　　　　　　　　　　　　前園宜彦

目　次

第 1 章　確　　率　　　　1
- **1.1** 確　　率 1
- **1.2** 条件付き確率と事象の独立 6
- **1.3** 順列と組合せ 11
- **1.4** 発展：ベイズの定理 14
- 　　　演 習 問 題 16

第 2 章　確率変数とその分布　　　　17
- **2.1** 離散型確率変数 17
- **2.2** 連続型確率変数 21
- **2.3** 分 布 関 数 26
- **2.4** 多次元分布 29
- **2.5** 確率変数の独立 32
- **2.6** 正規分布に関連した分布 34
- **2.7** 発展 1：その他の分布 39
- **2.8** 発展 2：多次元正規分布 41
- 　　　演 習 問 題 45

第 3 章　期待値と分散　　　　46
- **3.1** 期 待 値 46
- **3.2** 分　　散 52
- **3.3** 発展 1：共分散の例 58
- **3.4** 発展 2：中心極限定理 60
- 　　　演 習 問 題 62

第4章 データの処理　63

- **4.1** 度数分布表とヒストグラム 63
- **4.2** 箱ひげ図 66
- **4.3** 散布図 67
- **4.4** 多次元のグラフ化 69

第5章 統計的推定　70

- **5.1** 点推定 70
- **5.2** 区間推定 78
- **5.3** 正規母集団の区間推定 79
- **5.4** 発展：比率の推定 86
- 演習問題 87

第6章 統計的仮説検定　88

- **6.1** 母平均の検定 88
- **6.2** 母分散の検定 94
- **6.3** 母平均の差の検定（2標本） 96
- **6.4** 等分散の検定（2標本） 102
- **6.5** 対応のあるデータ 104
- **6.6** 発展1：比率の検定 106
- **6.7** 発展2：検定の誤りと検出力 107
- **6.8** 発展3：信頼区間と検定 109
- **6.9** 発展4：分散分析 113
- **6.10** 発展5：適合度検定 123
- 演習問題 126

第7章 相関および回帰分析　127

- **7.1** 相関分析 127
- **7.2** 回帰分析 131
- **7.3** 発展1：フィッシャーの z-変換 139
- **7.4** 発展2：重回帰分析 141
- 演習問題 144

付　章	R での例題解析	**145**
A.1	第 5 章の例題	145
A.2	第 6 章の例題	149
A.3	第 7 章の例題	158

演習問題の解答　　　　　　　　　　　　　　　　　　　　**162**

付　　表　　　　　　　　　　　　　　　　　　　　　　　**168**

参　考　書　　　　　　　　　　　　　　　　　　　　　　**178**

索　　引　　　　　　　　　　　　　　　　　　　　　　　**179**

第1章

確　　　率

　くじを引く，コインを投げるなど結果が偶然に左右されるとき，あるいは観測，実験のようにどうしても誤差を考えないといけないとき，確率が必要になる．このようなときは予測できない部分を確率を使って処理していくと，合理的な結論が導かれる．本章では確率の基本的な性質を明らかにし，独立性などの用語を解説する．

◆キーワード◆　事象，確率の基本性質，条件付き確率，事象の独立，順列，組合せ，ベイズの定理

1.1 確　　　率

　確率を考えるときに使う用語を定義し，確率の基本的性質をまとめておく．確率を考える対象はいろいろなので，対象とする全体を Ω （ギリシャ文字のオメガ）で表し**全事象**と呼び，その部分集合を

$$A, B, \cdots$$

と表し**事象**と呼ぶ．またその確率を

$$P(A), P(B), \cdots$$

で表す．集合の空集合に対応する記号として $\emptyset$ を使う．これは**空事象**と呼ばれ，起こりうるものがなにもないことを表す．これらは集合論で使われる記号でもある．事象は確率が同時に考えられるというだけで，集合の特別な場合である．用語をまとめると次のようになる．

> 試行：偶然に左右されると考えられる実験や観測
> 根元事象 ω（Ω の小文字）：これ以上分けることが無意味な事象
> 和事象 $A \cup B$：集合論の和集合で，A または B に含まれる根元事象の全体
> 積事象 $A \cap B$：集合論の積集合で，A かつ B に含まれる根元事象の全体
> 余事象 A^c：集合論の補集合で，A に含まれない根元事象の全体
> 全事象 Ω：対象とする全体．すなわち根元事象全体
> 空事象 $\emptyset$：根元事象がなにも含まれていない事象
> 排反事象：$A \cap B = \emptyset$ のとき A, B は排反であるという

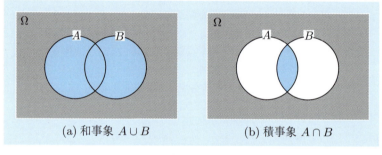

図 1.1 和事象 (a) と積事象 (b)

例1 サイコロを投げる試行を考える．このとき

$$\omega_i : i の目が出る \quad (i = 1, 2, \cdots, 6)$$

とおくと，ω_i は根元事象であり

$$\Omega = \{\omega_1, \omega_2, \cdots, \omega_6\}$$

が全事象である．さらに

事象 A を「偶数の目が出る」，
事象 B を「奇数の目が出る」，
事象 C を「3以下の目が出る」

とそれぞれおくと

$$A = \{\omega_2, \omega_4, \omega_6\}, \quad B = \{\omega_1, \omega_3, \omega_5\}, \quad C = \{\omega_1, \omega_2, \omega_3\}$$
$$A \cup B = \Omega, \quad A \cup C = \{\omega_1, \omega_2, \omega_3, \omega_4, \omega_6\}, \quad B \cup C = \{\omega_1, \omega_2, \omega_3, \omega_5\}$$
$$A \cap B = \emptyset, \quad A \cap C = \{\omega_2\}, \quad B \cap C = \{\omega_1, \omega_3\}$$
$$A^c = B, \quad B^c = A, \quad C^c = \{\omega_4, \omega_5, \omega_6\}$$

となり，それぞれの確率は

$$P(A) = P(B) = P(C) = \frac{1}{2}$$
$$P(A \cup B) = P(\Omega) = 1, \quad P(A \cup C) = \frac{5}{6}, \quad P(B \cup C) = \frac{2}{3}$$
$$P(A \cap B) = P(\emptyset) = 0, \quad P(A \cap C) = \frac{1}{6}, \quad P(B \cap C) = \frac{1}{3}$$

である． ∎

日常何気なく使っている確率であるが，確率の基本的な性質を要約すると次のようになる．

> **確率の基本性質**
> (1) 任意の事象 A に対して $0 \leq P(A) \leq 1$
> (2) 全事象 Ω に対して $P(\Omega) = 1$，空事象 $\emptyset$ に対して $P(\emptyset) = 0$
> (3) A, B が排反な事象（$A \cap B = \emptyset$）のとき
> $$P(A \cup B) = P(A) + P(B)$$

特に重要な性質は (3) である．(3) の性質は厳密にいえば，加算無限個の事象について成り立つ必要があるが，ここでは有限個についての性質で述べておく．事象 $A_1, A_2, \cdots, A_n$ に対して

$$\bigcup_{i=1}^{n} A_i = A_1 \cup A_2 \cup \cdots \cup A_n$$
$$\bigcap_{i=1}^{n} A_i = A_1 \cap A_2 \cap \cdots \cap A_n$$

の記号を使う．以下に基本性質 (1), (2), (3) から導かれる確率の性質についてまとめておく．

> **定理 1.1** 確率について次の性質が成り立つ.
> (1) 事象 A, B に対して $A \subset B$ ならば $P(A) \leq P(B)$
> (2) 互いに（3つ以上のときは互いにを使う）排反な事象 $A_1, A_2, \cdots, A_n$, すなわち $A_i \cap A_j = \emptyset$ $(i \neq j)$ に対して
> $$P\left(\bigcup_{i=1}^{n} A_i\right) = \sum_{i=1}^{n} P(A_i)$$
> (3) 事象 A, B に対して
> $$P(A \cup B) = P(A) + P(B) - P(A \cap B)$$
> (4) 事象 $A_1, A_2, \cdots, A_n$ に対して
> $$P\left(\bigcup_{i=1}^{n} A_i\right) \leq \sum_{i=1}^{n} P(A_i)$$
> (5) 余事象 A^c に対して
> $$P(A^c) = 1 - P(A)$$

証明 (1) $$B = \Omega \cap B = (A \cup A^c) \cap B$$
より，集合の分配法則を使って
$$B = (A \cap B) \cup (A^c \cap B)$$
となり
$$(A \cap B) \cap (A^c \cap B) = \emptyset$$
である．よって基本性質 (3) より
$$P(B) = P(A \cap B) + P(A^c \cap B)$$
$A \subset B$ だから
$$A \cap B = A$$
よって基本性質 (1) より
$$P(B) \geq P(A \cap B) = P(A)$$
(2) $B = \bigcup_{i=1}^{n-1} A_i$ とおくと $B \cap A_n = \emptyset$ だから基本性質 (3) より
$$P\left(\bigcup_{i=1}^{n} A_i\right) = P(B \cup A_n) = P(B) + P(A_n)$$

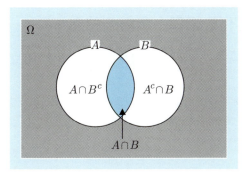

図 1.2 $A \cup B$ の確率

以下これを繰り返せばよい.
(3)
$$A \cup B = (A \cap B^c) \cup (A^c \cap B) \cup (A \cap B)$$
$$A = (A \cap B^c) \cup (A \cap B)$$
$$B = (A^c \cap B) \cup (A \cap B)$$
が成り立ち, $(A \cap B^c)$, $(A^c \cap B)$, $(A \cap B)$ は互いに排反だから
$$P(A \cup B) = P(A \cap B^c) + P(A^c \cap B) + P(A \cap B)$$
$$P(A) = P(A \cap B^c) + P(A \cap B)$$
$$P(B) = P(A^c \cap B) + P(A \cap B)$$
よって
$$P(A) + P(B) - P(A \cup B) = P(A \cap B)$$
移項すれば求める式である.
(4) $n = 2$ のときを示せば, 後は繰り返しで示せる. (3) より
$$P(A_1 \cup A_2) = P(A_1) + P(A_2) - P(A_1 \cap A_2)$$
基本性質 (1) より
$$0 \leqq P(A_1 \cap A_2)$$
だから $n = 2$ のときに成り立つ.
(5) $\Omega = A \cup A^c$ かつ $A \cap A^c = \emptyset$ だから基本性質 (2), (3) より
$$1 = P(\Omega)$$
$$= P(A \cup A^c) = P(A) + P(A^c)$$
したがって (5) が成り立つ.

1.2 条件付き確率と事象の独立

確率を議論するときに重要な，**条件付き確率**と**事象の独立**について学ぶ．

例 2 あるクラスの血液型を調べたところ次の表のような結果が得られた．このクラスからランダムに 1 人を選ぶ試行を考える．このとき選ばれた人が A 型である確率は $\frac{16}{50}$ である．

表 1.1 血液型

	A	B	O	AB	計
男子	10	9	7	4	30
女子	6	7	5	2	20
計	16	16	12	6	50

ところで選ばれたのが女子であった場合，この人が A 型である確率は $\frac{6}{20}$ となる．ここで

$$\text{事象 } E: \quad \text{選ばれた人が女子}$$
$$\text{事象 } F: \quad \text{選ばれた人が A 型}$$

とおくと $\frac{6}{20}$ は，事象 E が起こったときに事象 F が起こる確率になる．この確率を，事象 E が起こったときに事象 F が起こる**条件付き確率**と呼び，$P_E(F)$ で表す．この条件付き確率は

$$P(E) = \frac{20}{50},$$
$$P(E \cap F) = \frac{6}{50}$$

だから

$$P_E(F) = \frac{6}{20} = \frac{6/50}{20/50}$$
$$= \frac{P(E \cap F)}{P(E)}$$

となる．これは事象 E が起こったのであるから，新しく E を全事象と考えてその中で F の起こる確率であると解釈できる．

これを一般化して事象 A, B に対して，事象 A が起こったときの事象 B の起こる条件付き確率を $P(A) > 0$ のとき

$$P_A(B) = \frac{P(A \cap B)}{P(A)} \tag{1.1}$$

と定義する．このとき $P_A(\cdot)$ は確率の基本性質 (1), (2), (3) を満足することが示せる．

> **定理 1.2** $P(A) > 0$ のとき $P_A(\cdot)$ は確率の基本性質 (1), (2), (3) を満足する．

証明 (1) もとの確率が基本性質 (1) を満たすから $P(A) \geqq 0, P(A \cap B) \geqq 0$ で，$A \cap B \subset A$ だから定理 1.1 の (1) より $P(A \cap B) \leqq P(A)$．両辺を $P(A)$ で割って

$$0 \leqq P_A(B) = \frac{P(A \cap B)}{P(A)} \leqq 1$$

(2) $A \cap \Omega = A, A \cap \varnothing = \varnothing$ より

$$P_A(\Omega) = \frac{P(A \cap \Omega)}{P(A)} = \frac{P(A)}{P(A)} = 1$$

$$P_A(\varnothing) = \frac{P(A \cap \varnothing)}{P(A)} = \frac{P(\varnothing)}{P(A)} = 0$$

(3) 事象 B, C を排反とする．集合論の分配法則より $A \cap (B \cup C) = (A \cap B) \cup (A \cap C)$ である．また $(A \cap B) \cap (A \cap C) = A \cap (B \cap C) = \varnothing$ となる．よって

$$P_A(B \cup C) = \frac{P(A \cap (B \cup C))}{P(A)} = \frac{P((A \cap B) \cup (A \cap C))}{P(A)}$$
$$= \frac{P(A \cap B) + P(A \cap C)}{P(A)} = P_A(B) + P_A(C)$$

式 (1.1) を変形すると

$$P(A \cap B) = P(A) P_A(B) \tag{1.2}$$

これを使うと次のような確率の計算ができる．

> **例題 1.1**
>
> 全部で n 本のくじがあり，その中に k 本の当たりがあるとする．このとき A,B の 2 人がいて，A が最初で B が後でくじを引く試行を考える．A,B が当たりくじを引く確率を求めよ．

解 A を A が当たりくじを引く事象，B を B が当たりくじを引く事象とすると $P(A) = \frac{k}{n}$ である．B が当たりくじを引く確率は，A が当たりくじを引いたかどうかに依存する．A が当たりくじを引いたという条件付きでは $P_A(B) = \frac{k-1}{n-1}$ となり，A がはずれくじだったときの条件付きでは

$$P_{A^c}(B) = \frac{k}{n-1}$$

である．したがって $P(B)$ は場合分けをして考えると

$$B = (A \cap B) \cup (A^c \cap B)$$

だから

$$P(B) = P(A \cap B) + P(A^c \cap B)$$
$$= P(A)P_A(B) + P(A^c)P_{A^c}(B)$$
$$= \frac{k}{n} \times \frac{k-1}{n-1} + \frac{n-k}{n} \times \frac{k}{n-1} = \frac{k}{n}$$

したがって当たりくじを引く確率は，くじを引く順番には関係しないことが分かる．一般に何人でくじを引いても，それぞれの人の当たりくじを引く確率は，順番には関係せず同じである． ■

式 (1.2) は 3 つ以上の事象についても，次のように拡張される．

> **定理 1.3** n 個の事象 $A_1, A_2, \cdots, A_n$ に対して $P(A_1 \cap A_2 \cap \cdots \cap A_{n-1}) > 0$ のとき
>
> $$P\left(\bigcap_{i=1}^{n} A_i\right) = P(A_1) P_{A_1}(A_2) P_{A_1 \cap A_2}(A_3) \cdots P_{A_1 \cap A_2 \cap \cdots \cap A_{n-1}}(A_n)$$
> (1.3)

証明 $A_1 \supset (A_1 \cap A_2) \supset \cdots \supset (A_1 \cap A_2 \cap \cdots \cap A_{n-1})$ であるから，定理 1.1 の (1) より

$$P(A_1) > 0, \quad P(A_1 \cap A_2) > 0, \quad \cdots, \quad P(A_1 \cap A_2 \cap \cdots \cap A_{n-1}) > 0$$

となり，条件付き確率は定義される．条件付き確率の定義から

$$P(A_1) P_{A_1}(A_2) P_{A_1 \cap A_2}(A_3) \cdots P_{A_1 \cap A_2 \cap \cdots \cap A_{n-1}}(A_n)$$

$$= P(A_1) \frac{P(A_1 \cap A_2)}{P(A_1)} \frac{P(A_1 \cap A_2 \cap A_3)}{P(A_1 \cap A_2)} \cdots \frac{P\left(\bigcap_{i=1}^{n} A_i\right)}{P(A_1 \cap A_2 \cap \cdots \cap A_{n-1})}$$

$$= P\left(\bigcap_{i=1}^{n} A_i\right)$$

∎

次に事象の独立性を定義する．2 つの事象 A, B が**独立**であるとは，互いの起こる確率に他方が影響を与えないことである．これを式でみると $P(A) > 0$ のとき

$$P_A(B) = P(B)$$

と定式化される．すなわち A が起こったかどうかに B の起こる確率が影響を受けないことである．条件付き確率を使って定義すると $P(A) = 0$ の場合が除外されるので，この場合も考えることができるように

$$P(A \cap B) = P(A) P(B) \tag{1.4}$$

が成り立つとき事象 A, B は独立であるとする．上の式 (1.4) が成り立つとき

$$P_A(B) = P(B)$$

となることはすぐに分かるし，$P(A) > 0$ のとき逆も示せる．3 つ以上の事象についても同様に定義される．すなわち事象 $A_1, A_2, \cdots, A_n$ が互いに独立であるとは，$A_1, A_2, \cdots, A_n$ の中からの任意の k 個の組合せ $A_{i_1}, A_{i_2}, \cdots, A_{i_k}$ に対して

$$P\left(\bigcap_{j=1}^{k} A_{i_j}\right) = P(A_{i_1}) P(A_{i_2}) \cdots P(A_{i_k})$$

が成り立つことである．3 つ以上のときは排反のときと同様に「互いに」という言葉を入れる．事象の独立性については次の性質が成り立つ．

> **定理 1.4** 事象 A, B が独立ならば
> (1) 事象 A, B^c は独立
> (2) 事象 A^c, B^c は独立

証明 (1) を示せば十分である．

分配法則より $A = A \cap (B \cup B^c) = (A \cap B) \cup (A \cap B^c)$ で
$$(A \cap B) \cap (A \cap B^c) = \emptyset$$
となるから，確率の基本性質を使って
$$P(A) = P(A \cap B) + P(A \cap B^c)$$
よって定理 1.1 の (5) より
$$P(A \cap B^c) = P(A) - P(A \cap B)$$
$$= P(A) - P(A)P(B)$$
$$= P(A)\{1 - P(B)\}$$
$$= P(A)P(B^c)$$

したがって事象 A, B^c は独立である．

例 3 ジョーカーを除いた 52 枚のトランプから 1 枚のカードを引く試行を考える．このとき

事象 A : 引いたカードが絵札である
事象 B : 引いたカードがハートである

とすると
$$A \cap B = \{\text{引いたカードがハートの } 11, 12, 13\}$$
となり $P(A) = \frac{3}{13}$, $P(B) = \frac{1}{4}$, $P(A \cap B) = \frac{3}{52}$ だから
$$P(A \cap B) = P(A)P(B)$$
が成り立つ．したがって事象 A, B は独立である．

1.3 順列と組合せ

例 4 A, B, C の 3 人が来週のセミナーでの発表の順序を決める相談をしている．来週発表するのは 2 人でその分担箇所が異なる．場合の数は

$$AB,\ AC,\ BA,\ BC,\ CA,\ CB$$

の 6 通りである．これは最初に発表するのは 3 通り，2 番目は残りの 2 通りであるから全体で $3 \times 2 = 6$ 通りになる．

一般に異なる n 個の要素からなる集合から，$r\ (1 \leqq r \leqq n)$ 個の要素を取り出して一列に並べる場合の数（**順列**）は

$$n(n-1)(n-2)\cdots(n-r+1)$$

である．これを記号 $_n\mathrm{P}_r$ で表し，順列の個数という．特に $r = n$ のとき

$$_n\mathrm{P}_n = n(n-1)(n-2)\cdots 3 \cdot 2 \cdot 1$$

を n の階乗といい $n!$ で表す．この階乗を使うと

$$_n\mathrm{P}_r = \frac{n!}{(n-r)!}$$

となる．また $0! = 1$ と約束する．

例 4 では，発表する順序を考えたが，順序は問題にしないで発表する人だけを選び出すことを考えてみよう．この場合は順序は関係ないから，AB と BA は同じとみなす．したがって

$$AB,\ AC,\ BC$$

の 3 通りである．これを一般化して n 個から r 個を選び出す**組合せ**の個数を求めてみよう．n 個を取り出して並べる方法は $_n\mathrm{P}_r$ であった．順列は取り出した 1 組の r 個に対して，$r!$ 通りの並べ方を数え上げているから，組合せの個数は順列を $r!$ で割ればよい．したがって組合せの個数を $_n\mathrm{C}_r$ で表すと

$$_n\mathrm{C}_r = \frac{_n\mathrm{P}_r}{r!} = \frac{n!}{r!\,(n-r)!} \tag{1.5}$$

である．$0!$ の定義から $_n\mathrm{C}_0 = {_n\mathrm{C}_n} = 1$ となる．

例題 1.2

次の問に答えよ.
(1) 学生 12 人を 4 人ずつ 3 組に分ける方法は何通りあるか.
(2) $_{n+1}\mathrm{C}_r = {_n\mathrm{C}_r} + {_n\mathrm{C}_{r-1}}$ ($1 \leqq r \leqq n$) が成り立つことを示せ.

解 (1) 最初に 12 人から 4 人を選び，次に残りの 8 人から 4 人を選べば 3 組に分けられる．4 人ごとの 3 グループに違いはないから，求める場合の数は

$$\frac{_{12}\mathrm{C}_4 \times {_8\mathrm{C}_4}}{3!} = \frac{12!}{4! \times 8!} \times \frac{8!}{4! \times 4!} \times \frac{1}{3!} = 5775 \text{ 通り}$$

(2) 定義式 (1.5) より

$$_n\mathrm{C}_r + {_n\mathrm{C}_{r-1}} = \frac{n!}{r!\,(n-r)!} + \frac{n!}{(r-1)!\,(n+1-r)!}$$

$$= \frac{(n+1-r) \times n! + r \times n!}{r!\,(n+1-r)!}$$

$$= \frac{(n+1)!}{r!\,(n+1-r)!}$$

$$= {_{n+1}\mathrm{C}_r}$$

公理的確率論

確率の基本的性質を数学的に定式化した人は，ソビエトの数学者であった A. N. コルモゴロフ (1903〜1987) である．彼は数学の測度論を使って，確率の公理系（確率の基本性質）を構成した．革命前のロシアの時代からチェビシェフ，マルコフなどの著名な確率論に貢献した研究者がおり，ソビエト・ロシアでは多くの確率論の研究者が輩出した．しかし，ソビエト崩壊後の研究者の経済的状況は悲惨なもので，多くの研究者が国外に流失し，一時期の確率論の研究の隆盛は昔のものになってしまった．また若者もすぐに役に立つ実学に流れ，研究の後継者の育成もままならない状況だそうだ．すぐに役立つことも大事であろうが，真理を追究する基礎科学をなおざりにしては，将来重い付けを払わされるのではないだろうか．

組合せはいろいろなところで応用されており，よく知られているのが次の**二項定理**である．

> **定理 1.5**　（二項定理）　二項の n 次の展開式において次の等式が成り立つ．
> $$(x+y)^n = \sum_{k=0}^{n} {}_n\mathrm{C}_k x^k y^{n-k}$$

証明　数学的帰納法で証明する．$n=1$ のときは $x^0 = y^0 = 1$ から明らかである．n まで成り立つと仮定して，$n+1$ の場合を考える．

$$(x+y)^{n+1} = (x+y)\sum_{k=0}^{n} {}_n\mathrm{C}_k x^k y^{n-k}$$
$$= \sum_{k=0}^{n} {}_n\mathrm{C}_k x^{k+1} y^{n-k} + \sum_{k=0}^{n} {}_n\mathrm{C}_k x^k y^{n+1-k}$$

x^{k+1} の項で $l = k+1$ とおくと

$$(x+y)^{n+1} = x^{n+1} + \sum_{l=1}^{n} {}_n\mathrm{C}_{l-1} x^l y^{n+1-l} + \sum_{k=1}^{n} {}_n\mathrm{C}_k x^k y^{n+1-k} + y^{n+1}$$
$$= x^{n+1} + \sum_{l=1}^{n} ({}_n\mathrm{C}_{l-1} + {}_n\mathrm{C}_l) x^l y^{n+1-l} + y^{n+1}$$

例題 1.3 の (2) より

$$(x+y)^{n+1} = x^{n+1} + \sum_{l=1}^{n} {}_{n+1}\mathrm{C}_l x^l y^{n+1-l} + y^{n+1}$$
$$= \sum_{l=0}^{n+1} {}_{n+1}\mathrm{C}_l x^l y^{n+1-l}$$

したがって $n+1$ のときも成り立つ．

1.4 発展:ベイズの定理

条件付き確率を使った確率の計算で,条件付きを入れ替えなければならないときがある.このときに役に立つのが**ベイズの定理**である.まず次の定理を証明する.

> **定理 1.6** $A_1, A_2, \cdots, A_n$ を互いに排反 $(A_i \cap A_j = \emptyset, \; i \neq j)$ な事象で
> $$\bigcup_{i=1}^{n} A_i = \Omega$$
> とする.$P(A_i) > 0 \; (i = 1, 2, \cdots, n)$ のとき任意の事象 B に対して
> $$P(B) = \sum_{i=1}^{n} P(A_i) P_{A_i}(B)$$

証明 集合の分配法則を使うと

$$B = B \cap \Omega = B \cap \left(\bigcup_{i=1}^{n} A_i \right)$$
$$= \bigcup_{i=1}^{n} (B \cap A_i)$$

$A_i \; (i = 1, 2, \cdots, n)$ は互いに排反だから

$$(B \cap A_i) \cap (B \cap A_j) = \emptyset, \quad i \neq j$$

よって確率の基本性質 (3) より

$$P(B) = P\left(\bigcup_{i=1}^{n} (B \cap A_i) \right) = \sum_{i=1}^{n} P(B \cap A_i)$$

さらに式 (1.2) より

$$P(B \cap A_i) = P(A_i) P_{A_i}(B)$$

これを代入すれば求める式である. ∎

これを使うと次の**ベイズの定理**が成り立つ.

1.4 発展：ベイズの定理

> **定理 1.7** （ベイズの定理） $A_1, A_2, \cdots, A_n$ を互いに排反 ($A_i \cap A_j = \emptyset, i \neq j$) な事象で，$\bigcup_{i=1}^{n} A_i = \Omega$ とする．$P(A_i) > 0$ $(i=1,2,\cdots,n)$ のとき任意の事象 B $(P(B) > 0)$ に対して
>
> $$P_B(A_i) = \frac{P(A_i)P_{A_i}(B)}{\sum_{j=1}^{n} P(A_j)P_{A_j}(B)} \quad (i=1,2,\cdots,n)$$

証明 式 (1.1) より $P_B(A_i) = \dfrac{P(B \cap A_i)}{P(B)}$

また $P(B \cap A_i) = P(A_i)P_{A_i}(B)$ より 定理 1.6 から求める式が成り立つ． ■

以上の 2 つの定理は n が加算無限個に変わっても成り立つ．ベイズの定理は条件付きの入れ替えになっており，次の例題のような場合に有効である．

> **例題 1.3**
>
> 同じ製品を 3 台の機械 A, B, C で作っている．全製品のうち A が 20%，B が 35%，C が 45% を生産している．またそれぞれの機械が不良品を作る**不良率**は，A の機械では 6%，B では 4%，C では 2% であることが分かっている．これらの機械で作られた製品から，ランダムに 1 個の製品を取り出したところ不良品であった．この製品が A の機械で作られた確率を求めよ．

解 事象を次のように定義する．

A： 取り出した製品が機械 A で作られた
B： 取り出した製品が機械 B で作られた
C： 取り出した製品が機械 C で作られた
E： 取り出した製品が不良品であった

このとき求める確率は，E が起こったときの A の起こる確率 $P_E(A)$ である．また $A \cup B \cup C = \Omega$ で

$$P(A) = 0.2, \quad P(B) = 0.35, \quad P(C) = 0.45$$
$$P_A(E) = 0.06, \quad P_B(E) = 0.04, \quad P_C(E) = 0.02$$

だから，ベイズの定理より

$$P_E(A) = \frac{P(A)P_A(E)}{P(A)P_A(E) + P(B)P_B(E) + P(C)P_C(E)}$$

$$= \frac{0.2 \times 0.06}{0.2 \times 0.06 + 0.35 \times 0.04 + 0.45 \times 0.02}$$

$$= \frac{12}{35} = 0.34$$

「不良品である」という情報が得られると，「Aで作られた」確率が変わることが分かる．

演習問題

1.1 事象 A, B, C に対して $P(A) > 0$ のとき，次の等式が成り立つことを示せ．

$$P_A(B \cup C) = P_A(B) + P_A(C) - P_A(B \cap C)$$

1.2 事象 A, B, C が互いに独立のとき A と $B \cap C$ は独立で，また A と $B \cup C$ も独立になることを示せ．

1.3 袋の中に赤球5個と白球6個が入っている．袋の中から同時に2個を取り出すとき，次の事象の確率を求めよ．
  (1) 2個とも赤球
  (2) 赤球1個と白球1個

1.4 次の等式が成り立つことを示せ．
  (1) ${}_nC_0 + {}_nC_1 + {}_nC_2 + \cdots + {}_nC_n = 2^n$
  (2) ${}_nC_0 - {}_nC_1 + {}_nC_2 - \cdots + (-1)^n {}_nC_n = 0$

1.5 $k \,(\geqq 3)$ 本が当たりくじである $n \,(\geqq k)$ 本のくじがある．A, B, C の3人がこの順にくじを引く試行を考える．このとき式 (1.3) を使って，当たりくじを引く確率は，順番には関係せず同じであることを示せ．

第2章

確率変数とその分布

確率を使っていろいろな処理を行うとき，事象のままでは煩雑でありとり扱いにくいことが多い．このようなときには，数値に変換して考えた方が理解しやすく，処理しやすい．特に確率の重要な応用である統計的推測においては，データとして数値が与えられる．本章では数値化するときの重要な概念である確率変数と確率分布を学ぶ．

◆キーワード◆ 離散型確率変数，連続型確率変数，確率分布，確率密度関数，正規分布，同時分布，確率変数の独立

■ 2.1 離散型確率変数

2個のサイコロを投げたときに，出た目の和を X とおくと，X は $2, 3, \cdots, 12$ の値をとる変数であり，X のとるおのおのの値に対して，以下のような確率が考えられる．

表 2.1 サイコロの目の和の確率

X の値	2	3	4	5	6	7	8	9	10	11	12	計
確率	$\frac{1}{36}$	$\frac{2}{36}$	$\frac{3}{36}$	$\frac{4}{36}$	$\frac{5}{36}$	$\frac{6}{36}$	$\frac{5}{36}$	$\frac{4}{36}$	$\frac{3}{36}$	$\frac{2}{36}$	$\frac{1}{36}$	1

この X のようにとり得る値に対して確率が対応する変数を**確率変数**と呼ぶ．確率変数のとり得る値とその確率を一緒にして**確率分布**（あるいは単に**分布**）という．これを一般化して，変数 X のとり得る値を $x_1, x_2, \cdots, x_n$，その確率を $p_1, p_2, \cdots, p_n$ とする．すなわち

$$P(X = x_k) = p_k \quad (k = 1, 2, \cdots, n)$$

これを表にまとめると

表 2.2 離散型確率分布

X の値	x_1	x_2	$\cdots$	x_n	計
確率	p_1	p_2	$\cdots$	p_n	1

となる．このとき

$$p_1 + p_2 + \cdots + p_n = \sum_{k=1}^{n} p_k = 1 \quad (p_1 \geqq 0, \, p_2 \geqq 0, \, \cdots, \, p_n \geqq 0)$$

である．今後原則として，確率変数は大文字で表し，とり得る値を小文字で表す．このようにとり得る値がとびとびの高々可算個のとき，**離散型確率変数**と呼ぶ．

離散分布として代表的なものを以下に紹介する．

● **離散型一様分布**　とり得る値をすべて同じ確率でとる分布，すなわち

$$P(X = k) = \frac{1}{n} \quad (k = 1, 2, \cdots, n)$$

となる分布を**離散型一様分布**と呼ぶ．これはサイコロを1個投げるときの出た目 ($n = 6$) とその確率，n 人からランダムに1人を選ぶとき，ある特定の人が選ばれる確率などに当てはまる分布である．

● **二項分布 $B(n, p)$**　ある試行の結果起こる事象 A を考える．A の起こる確率を $p \, (0 < p < 1)$ とし，この試行を独立に n 回繰り返す．このとき n 回のうち A の起こった回数を X とすると X は確率変数であり，とり得る値は $0, 1, 2, \cdots, n$ である．その確率は組合せを使って

$$P(X = k) = {}_n C_k p^k (1-p)^{n-k} \quad (k = 0, 1, \cdots, n)$$

となることが示せる．この分布を**二項分布**と呼び，$B(n, p)$ と表す．

定理 1.5 の二項展開の公式より

$$\sum_{k=0}^{n} {}_n C_k p^k (1-p)^{n-k} = (p + 1 - p)^n = 1$$

したがって分布である条件を満たしている．

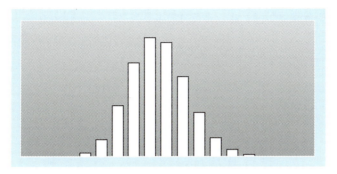

図 2.1 二項分布 $B(15, 0.3)$

例題 2.1

ある製品の生産ラインの**不良率**は 0.02 である．このラインで生産された製品からランダムに 100 個を取り出すことを考える．このとき不良品の個数が 4 個以上ある確率はいくらになるであろうか．

解 取り出した製品が不良品である確率が 0.02 である試行を，独立に 100 回繰り返したものと考えられるから，100 個のうちの不良品の個数を X とおくと，X は二項分布 $B(100, 0.02)$ にしたがう．よって求める確率は余事象の性質を使って

$$
\begin{aligned}
&P(X \geqq 4) \\
&= 1 - P(X < 4) \\
&= 1 - (P(X=0) + P(X=1) + P(X=2) + P(X=3)) \\
&= 1 - ({}_{100}C_0 \times 0.02^0 \times (1-0.02)^{100} + {}_{100}C_1 \times 0.02^1 \times (1-0.02)^{99} \\
&\qquad + {}_{100}C_2 \times 0.02^2 \times (1-0.02)^{98} + {}_{100}C_3 \times 0.02^3 \times (1-0.02)^{97}) \\
&= 1 - (0.133 + 0.271 + 0.273 + 0.182) \\
&= 1 - 0.859 \\
&= 0.141
\end{aligned}
$$

となる．

● **ポアソン分布 $Po(\lambda)$**　　ある町の1日当たりの交通事故の件数のように，まれにしか起こらないことが，単位時間当たり何件起こったかの確率に当てはまるのがポアソン分布である．その確率は

$$P(X=k) = e^{-\lambda}\frac{\lambda^k}{k!} \quad (k=0,1,2,\cdots)$$

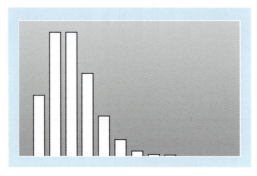

図 **2.2**　ポアソン分布 $Po(2.0)$

で与えられる．ここで λ は $\lambda > 0$ の定数，e は自然対数の底で $e = 2.718\cdots$ である．この分布を**ポアソン分布**と呼び，$Po(\lambda)$ と表す．

指数関数のテイラー展開より

$$e^\lambda = \sum_{k=0}^{\infty} \frac{\lambda^k}{k!}$$

であるから分布である条件を満たしている．

二項分布 $B(n,p)$ において

$$np = \lambda \ (一定)$$

として $n \to \infty$ とすると，ポアソン分布に近づくことが知られている．したがって1回の試行で A の起こる確率 p が小さいときは，二項分布の確率をポアソン分布を使って近似することができる．

例1 例題 2.1 では，不良率が 0.02 と小さいからポアソン分布で近似することができる．X は $B(100, 0.02)$ にしたがうから，近似的に

$$\lambda = 100 \times 0.02 = 2.0$$

のポアソン分布 $Po(2.0)$ にしたがう．よって

$$P(X = 0) \approx e^{-2.0} \frac{2.0^0}{0!} = e^{-2} = 0.135$$

$$P(X = 1) \approx e^{-2.0} \frac{2.0^1}{1!} = 2e^{-2} = 0.271$$

$$P(X = 2) \approx e^{-2.0} \frac{2.0^2}{2!} = 2e^{-2} = 0.271$$

$$P(X = 3) \approx e^{-2.0} \frac{2.0^3}{3!} = \frac{4}{3}e^{-2} = 0.180$$

以上より不良品が 4 個以上ある確率の近似は

$$P(X \geqq 4) \approx 1 - (0.135 + 0.271 + 0.271 + 0.180)$$
$$= 0.143$$

となり，かなりよい近似であることが分かる． ∎

2.2 連続型確率変数

離散型のようなとびとびの値ではなく，人の身長や缶入り飲料の内容量のように，連続的な値をとる変量 X に対して確率を考えることがある．この場合にはとり得る値が連続的であることから，確率はそれぞれの値ではなく，ある区間に入る確率として与えられる．このような X を**連続型確率変数**と呼ぶ．連続型確率変数 X に対しては**確率密度関数**（または単に**密度関数**）と呼ばれる関数 $f(x)$ があって，定数 a, b $(a \leqq b)$ に対して，$a \leqq X \leqq b$ となる確率が

$$P(a \leqq X \leqq b) = \int_a^b f(x)\, dx$$

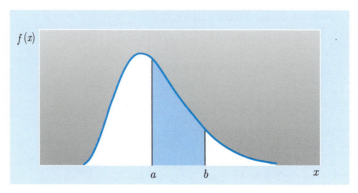

図 2.3 　連続型分布

で与えられる．ただし $f(x)$ は

$$f(x) \geqq 0 \quad (-\infty < x < \infty), \quad \int_{-\infty}^{\infty} f(x)\,dx = 1 \tag{2.1}$$

を満たす．連続型確率変数では，区間に入る確率が，非負関数のその区間の面積で与えられることになる．

以下代表的な連続型分布を紹介しよう．

- **連続型一様分布 $U(a, b)$** 　確率密度関数が

$$f(x) = \begin{cases} \dfrac{1}{b-a} & (a \leqq x \leqq b) \\ 0 & (その他) \end{cases}$$

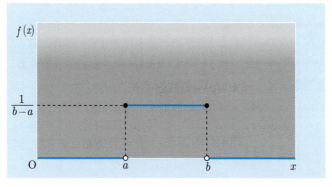

図 2.4 　一様分布

で与えられる分布を**連続型一様分布**といい $U(a,b)$ で表す．ここで $a<b$ は定数である．この分布が式 (2.1) を満たすことは明らかである．コンピュータで乱数と呼ばれるものは，一様分布 $U(0,1)$ にしたがう確率変数の実現値とみなせるものである．

● **指数分布**　確率密度関数が

$$f(x) = \begin{cases} \dfrac{1}{\alpha}e^{-(1/\alpha)x} & (x \geq 0) \\ 0 & (その他) \end{cases}$$

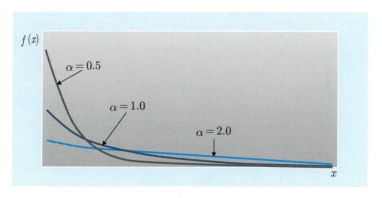

図 2.5　指数分布

で与えられる分布を**指数分布**と呼ぶ．ここで $\alpha > 0$ は定数である．この分布は製品が製造されたときから，壊れるまでの時間（寿命）X の分布としてよく利用される．また

$$\int_{-\infty}^{\infty} f(x)\,dx = \int_{0}^{\infty} \frac{1}{\alpha}e^{-(1/\alpha)x}\,dx$$
$$= \left[-e^{-(1/\alpha)x}\right]_{0}^{\infty} = 0 - (-1) = 1$$

となり式 (2.1) を満たす．

この他にも重要な分布はいろいろあるが，誤差を表す分布として重要な正規分布について最後に述べよう．

● **正規分布 $N(\mu, \sigma^2)$**　　確率密度関数が

$$f(x) = \frac{1}{\sqrt{2\pi}\,\sigma} \exp\left\{-\frac{(x-\mu)^2}{2\sigma^2}\right\} \quad (-\infty < x < \infty)$$

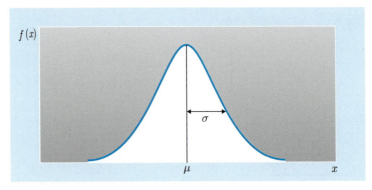

図 2.6　正規分布

で与えられる分布を平均 μ，分散 σ^2 の**正規分布**といい，$N(\mu, \sigma^2)$ で表す．ここで $-\infty < \mu < \infty$, $0 < \sigma^2 < \infty$ は定数で，$\exp\{\cdot\} = e^{\{\cdot\}}$ である．図からも分かるように密度関数は $x = \mu$ に対して左右対称となる．重積分の応用としてよく知られている

$$\int_{-\infty}^{\infty} e^{-x^2} dx = \sqrt{\pi}$$

を使うと，$t = (x-\mu)/(\sqrt{2}\,\sigma)$ と変数変換して，$\frac{dt}{dx} = 1/(\sqrt{2}\,\sigma)$ だから

$$\int_{-\infty}^{\infty} \frac{1}{\sqrt{2\pi}\,\sigma} \exp\left\{-\frac{(x-\mu)^2}{2\sigma^2}\right\} dx = \int_{-\infty}^{\infty} \frac{1}{\sqrt{\pi}} e^{-t^2} dt = 1$$

となり，式 (2.1) を満たすことが分かる．平均および分散については次の章で詳しく学習する．特に $N(0,1)$ を**標準正規分布**と呼ぶ．この正規分布は，統計的推測において連続的なデータについて最初に仮定される分布であり，中心極限定理（3.4節参照）との関連でも重要な分布である．

積分の変数変換 $y = (x-\mu)/\sigma$（σ は σ^2 の正の平方根）を使うと，X が正規分布にしたがうとき

$$P\left(a \leq \frac{X-\mu}{\sigma} \leq b\right) = P(a\sigma + \mu \leq X \leq b\sigma + \mu)$$
$$= \int_{a\sigma+\mu}^{b\sigma+\mu} \frac{1}{\sqrt{2\pi}\,\sigma} \exp\left\{-\frac{(x-\mu)^2}{2\sigma^2}\right\} dx$$
$$= \int_{a}^{b} \frac{1}{\sqrt{2\pi}} \exp\left(-\frac{y^2}{2}\right) dy$$

となる．したがって $(X-\mu)/\sigma$ は標準正規分布 $N(0,1)$ にしたがう．これを**標準化**と呼ぶ．

例題 2.2

X が正規分布 $N(2, 4^2)$ にしたがうとき，次の確率を求めよ．
(1) $P(X \leq 2)$ (2) $P(0 \leq X)$ (3) $P(0 \leq X \leq 2)$

解 (1) $(X-2)/4$ が標準正規分布にしたがうから対称性より

$$P(X \leq 2) = P\left(\frac{X-2}{4} \leq \frac{2-2}{4}\right)$$
$$= P\left(\frac{X-2}{4} \leq 0\right) = 0.5$$

(2) Z が標準正規分布にしたがうとき，確率密度関数が y 軸について対称だから $P(Z \leq -c) = P(c \leq Z)$ $(c > 0)$．(1) と同様にして<u>付表 1</u> より

$$P(0 \leq X) = P\left(\frac{0-2}{4} \leq \frac{X-2}{4}\right)$$
$$= P\left(-0.5 \leq \frac{X-2}{4}\right)$$
$$= 1 - P\left(\frac{X-2}{4} \leq -0.5\right)$$
$$= 1 - P\left(0.5 \leq \frac{X-2}{4}\right)$$
$$= 1 - 0.3085 = 0.692$$

(3) (1) と (2) の結果を利用して

$$P(0 \leq X \leq 2) = P(X \leq 2) - P(X < 0)$$
$$= P(X \leq 2) - \{1 - P(0 \leq X)\}$$
$$= 0.5 - 0.308 = 0.192$$

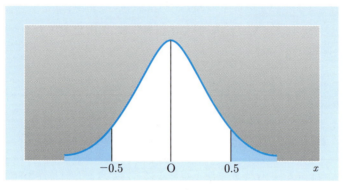

図 2.7　正規分布の対称性

2.3 分布関数

次に分布を議論するときに有用な分布関数を定義し,その性質をまとめておこう.X を確率変数とするとき関数

$$F(x) = P(X \leq x) \tag{2.2}$$

を X の**確率分布関数**(または単に**分布関数**)と呼ぶ.X が離散型のときは

$$F(x) = \sum_{k:x_k \leq x} p_k$$

となり,連続型のときは

$$F(x) = \int_{-\infty}^{x} f(t)\,dt$$

となる.ここで $\sum_{k:x_k \leq x}$ は $x_k \leq x$ を満たす,すべての k についての和を表す.

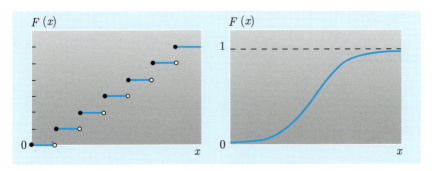

図 2.8　離散型分布関数と連続型分布関数

分布関数が分かれば確率および確率密度関数も分かるので，これらのうちのどれか 1 つが分かればよいということになる．分布関数は以下の性質を満たす．

- $F(x)$ は x について（広義）単調増加関数である．すなわち $x_1 < x_2$ ならば $F(x_1) \leqq F(x_2)$
- $F(x)$ は右連続である．すなわち $\lim_{h \to +0} F(x+h) = F(x)$
- $\lim_{x \to -\infty} F(x) = 0,\ \lim_{x \to \infty} F(x) = 1$
- また連続型分布のときは $F'(x) = f(x)$

詳しくは巻末にある確率論の本を参照されたい．また本によっては分布関数の定義 (2.2) が $F(x) = P(X < x)$ の等号を外したものもあるので，注意が必要である．等号を外したときは $F(x)$ は左連続になる．

例 2　先に述べた分布のいくつかについて，分布関数を求めてみよう．

● 離散型一様分布

$$F(x) = \sum_{k \leqq x} \frac{1}{n} = \begin{cases} 0 & (x < 1) \\ \dfrac{[x]}{n} & (1 \leqq x \leqq n) \\ 1 & (n < x) \end{cases}$$

となる．ただし $[x]$ は x を超えない最大の整数を表すガウス記号である．

● 指数分布

$$F(x) = \int_{-\infty}^{x} f(t)\,dt = \begin{cases} 0 & (x<0) \\ 1-e^{-(x/\alpha)} & (0 \leq x) \end{cases}$$

である．

● 正規分布

Z が標準正規分布 $N(0,1)$ にしたがう確率変数とするとき，Z の分布関数は

$$\Phi(x) = P(Z \leq x) = \int_{-\infty}^{x} \frac{1}{\sqrt{2\pi}} e^{-(t^2/2)}\,dt$$

とおくのが慣例となっている．このとき $\Phi(x)$（Φ はギリシャ文字のファイ ϕ の大文字）は初等関数では表せないが，様々な方法で数値的に求められている．標準正規分布の**上側 α-点**を z_α とおく．すなわち

$$\alpha = P(Z \geq z_\alpha) = 1 - \Phi(z_\alpha)$$

である．この z_α の値は付表2にまとめられている．また付表1では逆の関係である上側確率を求めている．

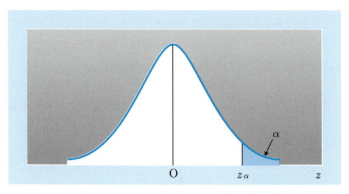

図 2.9 標準正規分布の上側 α-点

2.4 多次元分布

これまで議論してきたものは 1 つの確率変数だけであったが，2 つ以上の確率変数を同時に扱うことも必要になる．本節では 2 つ以上の確率変数についての数学的定式化を行い，そのときに重要である，確率変数の独立性について述べていく．まず離散型の場合を考えてみよう．

● **離散型**

例 3 サイコロを 2 個同時に投げる試行を考える．X を 2 つの目のうち大きい方の値とし，Y を大きい目から，小さい目を引いた値とする．ただし目が等しいときは，X はその値とし，$Y=0$ とする．このとき確率 $P(X=i, Y=j)$ は

表 2.3 (X,Y) の確率

X \ Y	0	1	2	3	4	5	計
1	$\frac{1}{36}$	0	0	0	0	0	$\frac{1}{36}$
2	$\frac{1}{36}$	$\frac{1}{18}$	0	0	0	0	$\frac{1}{12}$
3	$\frac{1}{36}$	$\frac{1}{18}$	$\frac{1}{18}$	0	0	0	$\frac{5}{36}$
4	$\frac{1}{36}$	$\frac{1}{18}$	$\frac{1}{18}$	$\frac{1}{18}$	0	0	$\frac{7}{36}$
5	$\frac{1}{36}$	$\frac{1}{18}$	$\frac{1}{18}$	$\frac{1}{18}$	$\frac{1}{18}$	0	$\frac{1}{4}$
6	$\frac{1}{36}$	$\frac{1}{18}$	$\frac{1}{18}$	$\frac{1}{18}$	$\frac{1}{18}$	$\frac{1}{18}$	$\frac{11}{36}$
計	$\frac{1}{6}$	$\frac{5}{18}$	$\frac{2}{9}$	$\frac{1}{6}$	$\frac{1}{9}$	$\frac{1}{18}$	1

で与えられる．これを確率変数 (X,Y) の**同時分布**（または**多次元分布**）と呼ぶ．各行，各列の確率の計は X および Y の分布を表すことになる．すなわち X の分布（同時分布を強調するときは**周辺分布**と呼ばれる）は

表 2.4 X の周辺分布

X の値	1	2	3	4	5	6	計
確率	$\frac{1}{36}$	$\frac{1}{12}$	$\frac{5}{36}$	$\frac{7}{36}$	$\frac{1}{4}$	$\frac{11}{36}$	1

である．Y の周辺分布も同様である．

これを一般化して，確率変数 (X, Y) の同時分布は

表 2.5 離散型同時分布

X \ Y	y_1	y_2	$\cdots$	y_n	計
x_1	p_{11}	p_{12}	$\cdots$	p_{1n}	$p_{1\cdot}$
x_2	p_{21}	p_{22}	$\cdots$	p_{2n}	$p_{2\cdot}$
$\vdots$	$\vdots$	$\vdots$	$\ddots$	$\vdots$	$\vdots$
x_m	p_{m1}	p_{m2}	$\cdots$	p_{mn}	$p_{m\cdot}$
計	$p_{\cdot 1}$	$p_{\cdot 2}$	$\cdots$	$p_{\cdot n}$	1

と表せる．ここで $0 \leqq p_{ij} \leqq 1 \ (i = 1, 2, \cdots, m; j = 1, 2, \cdots, n)$ を満たし

$$p_{i\cdot} = \sum_{j=1}^{n} p_{ij} \ (i = 1, 2, \cdots, m), \quad p_{\cdot j} = \sum_{i=1}^{m} p_{ij} \ (j = 1, 2, \cdots, n)$$

$$\sum_{i=1}^{m}\sum_{j=1}^{n} p_{ij} = \sum_{i=1}^{m} p_{i\cdot} = \sum_{j=1}^{n} p_{\cdot j} = 1$$

である．このとき X の周辺分布は

表 2.6 X の周辺分布

X の値	x_1	x_2	$\cdots$	x_m	計
確率	$p_{1\cdot}$	$p_{2\cdot}$	$\cdots$	$p_{m\cdot}$	1

となる．Y についても同様である．3つ以上の確率変数についても同じようにして同時分布が定義される．

離散型多次元分布の代表例として多項分布を考えてみよう．

例 4　（**多項分布**）1回の試行で $A_1, A_2, \cdots, A_k$ の事象が考えられ

$$A_i \cap A_j = \emptyset \ (i \neq j), \quad \bigcup_{i=1}^{k} A_i = \Omega$$

であるとする．各事象の起こる確率を $p_i = P(A_i) \ (i = 1, 2, \cdots, k)$ とおく．この試行を独立に n 回繰り返し，X_i を n 回のうち $A_i \ (i = 1, 2, \cdots, k)$ の起こった回数とすると

2.4 多次元分布

$$P(X_1 = x_1, X_2 = x_2, \cdots, X_k = x_k) = \frac{n!}{x_1! \, x_2! \cdots x_k!} \, p_1^{x_1} p_2^{x_2} \cdots p_k^{x_k}$$

となる．ただし $x_i \geqq 0 \ (i=1,2,\cdots,k)$, $\sum_{i=1}^{k} x_i = n$, $\sum_{i=1}^{k} p_i = 1$ である．この分布を**多項分布**と呼ぶ．$k=2$ のとき，これは二項分布である．

● **連続型** 次に連続型の多次元分布を考えてみよう．2 つの連続型確率変数 (X,Y) に対して，$a_1 \leqq X \leqq b_1$, $a_2 \leqq Y \leqq b_2$ $(a_1 \leqq b_1, a_2 \leqq b_2)$ となる確率が

$$\begin{aligned} P(a_1 \leqq X \leqq b_1, a_2 \leqq Y \leqq b_2) &= \iint_{[a_1,b_1]\times[a_2,b_2]} f(x,y)\,dxdy \\ &= \int_{a_1}^{b_1} \int_{a_2}^{b_2} f(x,y)\,dxdy \end{aligned}$$

で与えられる．このとき積分は重積分で定義されるが，通常の積分を繰り返す逐次積分で考えれば十分である．$f(x,y)$ は 2 変数関数で，(X,Y) の**同時確率密度関数**と呼ばれ

$$f(x,y) \geqq 0, \qquad \iint_{\mathbf{R}^2} f(x,y)\,dxdy = 1$$

を満たす．X の周辺分布は $g(x) = \int_{-\infty}^{\infty} f(x,y)\,dy$ とおくと

$$\begin{aligned} P(a \leqq X \leqq b) &= P(a \leqq X \leqq b, -\infty < Y < \infty) \\ &= \iint_{[a,b]\times(-\infty,\infty)} f(x,y)\,dxdy \\ &= \int_a^b \left\{ \int_{-\infty}^{\infty} f(x,y)\,dy \right\} dx \\ &= \int_a^b g(x)\,dx \end{aligned}$$

となる．したがって X の確率密度関数は $g(x)$ である．これを X の**周辺確率密度関数**と呼ぶ．同様に Y の周辺確率密度関数は $h(y) = \int_{-\infty}^{\infty} f(x,y)\,dx$ となる．

例 5 (X, Y) の同時確率密度関数が

$$f(x,y) = \frac{1}{2\pi\sqrt{1-\rho^2}\,\sigma_x\sigma_y}$$
$$\times \exp\left[-\frac{1}{2(1-\rho^2)}\left\{\frac{(x-\mu_x)^2}{\sigma_x^2} - 2\rho\frac{(x-\mu_x)(y-\mu_y)}{\sigma_x\sigma_y} + \frac{(y-\mu_y)^2}{\sigma_y^2}\right\}\right]$$

で与えられとき，この分布を **2 次元正規分布** $N_2(\mu_x, \mu_y, \sigma_x^2, \sigma_y^2, \rho)$ と呼ぶ．これは正規分布の拡張になっている．X の周辺確率密度関数は，y の完全平方を作ると

$$g(x) = \int_{-\infty}^{\infty} f(x,y)dy$$
$$= \frac{1}{\sqrt{2\pi}\,\sigma_x}\exp\left\{-\frac{(x-\mu_x)^2}{2\sigma_x^2}\right\}$$
$$\times \int_{-\infty}^{\infty} \frac{1}{\sqrt{2\pi}\sqrt{1-\rho^2}\,\sigma_y}\exp\left\{-\frac{\left(y-\mu_y-\frac{\rho\sigma_y}{\sigma_x}(x-\mu_x)\right)^2}{2(1-\rho^2)\sigma_y^2}\right\}dy$$

積分の中は $N(\mu_y + \frac{\rho\sigma_y}{\sigma_x}(x-\mu_x), (1-\rho^2)\sigma_y^2)$ の密度関数であるから，積分は 1 となる．したがって X の周辺分布は正規分布 $N(\mu_x, \sigma_x^2)$ である．同様に Y の周辺分布は正規分布 $N(\mu_y, \sigma_y^2)$ である．

2.5 確率変数の独立

多次元の同時分布を使って確率を求めるには，重積分の計算や多重和の計算が必要になり，特に n 個の確率変数を扱う統計的推測においては，コンピュータの助けを借りても非常に困難になる．このようなときに大事な考え方が，確率変数の独立性である．2 つの確率変数 X と Y が**独立**であるとは，互いに相手の確率に影響を及ぼさないということで，事象の独立性を使って次のように定式化される．すべての定数 $a \leq b, c \leq d$ に対して

$$P(a \leq X \leq b, c \leq Y \leq d) = P(a \leq X \leq b)P(c \leq Y \leq d)$$

が成り立つとき，確率変数 X と Y は独立であるという．

> - X, Y が離散型のとき
> $$p_{ij} = p_{i\cdot}\, p_{\cdot j} \quad (i = 1, 2, \cdots, m;\ j = 1, 2, \cdots, n)$$
> が成り立つとき，X と Y は独立になる．
> - X, Y が連続型のとき，すべての $(x, y) \in \mathbf{R}^2$ に対して
> $$f(x, y) = g(x)\, h(y)$$
> が成り立つとき，X と Y は独立になる．
>
> これらは3つ以上の確率変数についても同じである．

また，$u(x), v(y)$ を関数とすると，X と Y が独立のとき $u(X)$ と $v(Y)$ は独立な確率変数となる．

例 6 サイコロを1個投げる試行を考える．X を奇数の目が出たとき 0，偶数の目が出たとき 1 の値をとる確率変数，Y を 2 以下の目が出たとき 0，3 以上の目が出たとき 1 の値をとる確率変数とする．このとき

$$P(X = 0) = P(X = 1) = \frac{1}{2}, \quad P(Y = 0) = \frac{1}{3}, \quad P(Y = 1) = \frac{2}{3}$$

$$P(X = 0, Y = 0) = P(1\text{ の目が出る}) = \frac{1}{6} = \frac{1}{2} \times \frac{1}{3}$$
$$= P(X = 0)\, P(Y = 0)$$

$$P(X = 0, Y = 1) = P(3\text{ または }5\text{ の目が出る}) = \frac{1}{3} = \frac{1}{2} \times \frac{2}{3}$$
$$= P(X = 0)\, P(Y = 1)$$

$$P(X = 1, Y = 0) = P(2\text{ の目が出る}) = \frac{1}{6} = \frac{1}{2} \times \frac{1}{3}$$
$$= P(X = 1)\, P(Y = 0)$$

$$P(X = 1, Y = 1) = P(4\text{ または }6\text{ の目が出る}) = \frac{1}{3} = \frac{1}{2} \times \frac{2}{3}$$
$$= P(X = 1)\, P(Y = 1)$$

となるから，X と Y は独立である．

> **定理 2.1** (X, Y) が 2 次元正規分布 $N_2(\mu_x, \mu_y, \sigma_x^2, \sigma_y^2, \rho)$ にしたがうとき
>
> $$\rho = 0 \iff X と Y は独立である$$
>
> が成り立つ．

証明 例 5 の同時確率密度関数において $\rho = 0$ を代入すると

$$f(x,y) = \frac{1}{\sqrt{2\pi}\,\sigma_x} \exp\left\{-\frac{(x-\mu_x)^2}{2\sigma_x^2}\right\} \frac{1}{\sqrt{2\pi}\,\sigma_y} \exp\left\{-\frac{(y-\mu_y)^2}{2\sigma_y^2}\right\}$$

となることにより示される．

正規分布のときは，X と Y の独立性は ρ で調べることができる．∎

3 つ以上の確率変数の独立性も同じように定義される．$X_1, X_2, \cdots, X_n$ が互いに独立（3 つ以上のときは「互いに」という言葉を入れる）であるとは，離散型のときは

$$P(X_1 = x_1, X_2 = x_2, \cdots, X_n = x_n)$$
$$= P(X_1 = x_1)\, P(X_2 = x_2) \cdots P(X_n = x_n)$$

が成り立つことである．連続型のときは $f_{X_1, X_2, \cdots, X_n}(x_1, x_2, \cdots, x_n)$ を同時密度関数，$f_{X_i}(x_i)$ を X_i の周辺密度関数とすると

$$f_{X_1, X_2, \cdots, X_n}(x_1, x_2, \cdots, x_n) = f_{X_1}(x_1) f_{X_2}(x_2) \cdots f_{X_n}(x_n)$$

が成り立つとき，$X_1, X_2, \cdots, X_n$ は互いに独立になる．

独立性を使うと，確率の計算が非常に簡単になり，第 5 章で述べるように確率変数の関数である統計量の分布を求めることができる．

2.6 正規分布に関連した分布

一般に，確率変数を変換したものもやはり確率変数で，その確率分布が考えられる．ここでは統計的推測において利用される，正規分布の変換によって得られる確率分布についていくつか例をあげる．

2.6 正規分布に関連した分布

● **正規分布の再生性** X_1 は正規分布 $N(\mu_1, \sigma_1^2)$ にしたがい，X_2 を正規分布 $N(\mu_2, \sigma_2^2)$ にしたがう独立な確率変数とする．このとき定数 a, b, c に対して

$$aX_1 + bX_2 + c \quad \sim \quad N(a\mu_1 + b\mu_2 + c, a^2\sigma_1^2 + b^2\sigma_2^2) \tag{2.3}$$

が成り立つ．これを**正規分布の再生性**と呼ぶ．これは特性関数と呼ばれる確率論の道具を使うと証明できる．詳しくは確率論の本を参照されたい．

定理 2.2 $X_1, X_2, \cdots, X_n$ を互いに独立で同じ正規分布 $N(\mu, \sigma^2)$ にしたがう確率変数とする．このとき標本平均は

$$\overline{X} = \frac{1}{n}\sum_{i=1}^{n} X_i \quad \sim \quad N\left(\mu, \frac{\sigma^2}{n}\right)$$

である．

証明 正規分布の再生性の式 (2.3) を繰り返し使って

$$X_1 + X_2 \quad \sim \quad N(2\mu, 2\sigma^2)$$
$$X_1 + X_2 + X_3 \quad \sim \quad N(3\mu, 3\sigma^2)$$
$$\cdots\cdots$$
$$\sum_{i=1}^{n} X_i \quad \sim \quad N(n\mu, n\sigma^2)$$

$1/n$ の定数倍に対してふたたび再生性を使うと $\overline{X}$ は正規分布 $N(\mu, \frac{\sigma^2}{n})$ にしたがう． ∎

● **χ^2-分布** $X_1, X_2, \cdots, X_n$ を互いに独立で同じ標準正規分布 $N(0, 1)$ にしたがう確率変数とする．このとき

$$\chi^2 = X_1^2 + X_2^2 + \cdots + X_n^2$$

の確率密度関数は

$$f(x) = \begin{cases} \dfrac{1}{2^{n/2}\Gamma(\frac{n}{2})} x^{(n/2)-1} e^{-(x/2)} & (x \geq 0) \\ 0 & (x < 0) \end{cases}$$

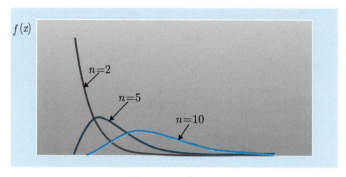

図 2.10 χ^2-分布

となる．この分布を**自由度 n の χ^2-分布**（カイ二乗と読む）という．ここで $\Gamma(\cdot)$ はガンマ関数で

$$\Gamma(a) = \int_0^\infty e^{-x} x^{a-1} \, dx$$

である．また自由度 n の χ^2-分布の上側 α-点を $\chi^2(n;\alpha)$ と表す．すなわち

$$P\left(\chi^2 \geqq \chi^2(n;\alpha)\right) = \alpha$$

である．この値は付表4にまとめられている．

例題 2.3 (χ^2-分布の再生性)

X は自由度 m の χ^2-分布にしたがい，Y が自由度 n の χ^2-分布にしたがう独立な確率変数とする．このとき $X+Y$ は自由度 $m+n$ の χ^2-分布にしたがうことを示せ．

解 $U_1, U_2, \cdots, U_m, U_{m+1}, \cdots, U_{m+n}$ を互いに独立で同じ正規分布 $N(0,1)$ にしたがう確率変数とすると，χ^2-分布の導き方から X の分布は

$$U_1^2 + U_2^2 + \cdots + U_m^2$$

の分布と同じである．同様に Y の分布は

$$U_{m+1}^2 + U_{m+2}^2 + \cdots + U_{m+n}^2$$

と同じである．したがって $X+Y$ の分布は

2.6 正規分布に関連した分布

$$U_1^2 + U_2^2 + \cdots + U_m^2 + U_{m+1}^2 + U_{m+2}^2 + \cdots + U_{m+n}^2$$

と同じである．すなわち $X+Y$ の分布は自由度 $m+n$ の χ^2-分布である． ∎

● **t-分布**　X は標準正規分布 $N(0,1)$ にしたがい，Y が自由度 n の χ^2-分布にしたがう独立な確率変数とする．このとき

$$T = \frac{X}{\sqrt{Y/n}}$$

の確率密度関数は

$$f(t) = \frac{1}{n^{1/2} B\left(\frac{n}{2}, \frac{1}{2}\right)} \left(1 + \frac{t^2}{n}\right)^{-(n+1)/2} \quad (-\infty < t < \infty)$$

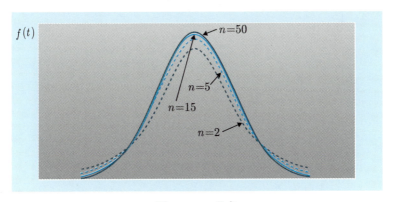

図 2.11　t-分布

となる．ここで $B(a,b)$ はベータ関数で

$$B(a,b) = \int_0^1 x^{a-1}(1-x)^{b-1}\,dx$$

である．この分布を**自由度 n の（スチューデントの）t-分布**と呼ぶ．上側 α-点は $t(n;\alpha)$ で表す．すなわち

$$P\bigl(T \geqq t(n;\alpha)\bigr) = \alpha$$

である．この値は付表3にまとめられている．上の導出では自由度は自然数で

あるが，n は小数でも密度関数の条件は満たしている．実際，統計的推測では小数自由度の t-分布が必要なことがあり，そのときには線形補間法を使って上側 α-点の近似を求める．t-分布は原点に対して対称であり，正規分布に近い分布である．実際 $n \to \infty$ のとき，分布は標準正規分布に収束する．

● **F-分布** X は自由度 m の χ^2-分布にしたがい，Y が自由度 n の χ^2-分布にしたがう独立な確率変数とする．このとき

$$F = \frac{X/m}{Y/n}$$

の確率密度関数は

$$f(x) = \begin{cases} \dfrac{1}{B\left(\frac{m}{2}, \frac{n}{2}\right)} \left(\dfrac{m}{n}\right)^{m/2} \left(1 + \dfrac{m}{n}x\right)^{-(m+n)/2} x^{(m/2)-1} & (x \geqq 0) \\ 0 & (x < 0) \end{cases}$$

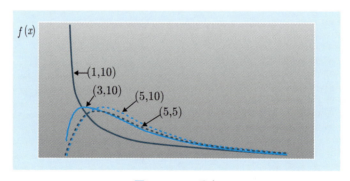

図 2.12 F-分布

である．この分布を **自由度 (m, n) の F-分布** と呼ぶ．上側 α-点は $F(m, n; \alpha)$ で表す．すなわち

$$P\bigl(F \geqq F(m, n; \alpha)\bigr) = \alpha$$

である．この値は付表5にまとめられている．比のとり方から，F が自由度 (m, n) の F-分布にしたがうとき

$$1/F \quad \sim \quad \text{自由度 } (n, m) \text{ の } F\text{-分布}$$

となる．これを使うと，上側 α-点を求めるとき便利である．

2.7 発展1：その他の分布

● **幾何分布**　サイコロを続けて投げる試行を考える．1 の目が出たら成功とし，1 以外の目が出たら失敗とする．このときはじめて成功するまでに必要な回数を X とすると，$X = k$ となる確率は

$$P(X = k) = \left(\frac{5}{6}\right)^{k-1} \frac{1}{6}$$

となる．これを一般化して，1 回の試行で成功する確率が p であるものを，独立に繰り返すことを考える．このときはじめて成功するまでに必要な回数を X とおくと

$$P(X = k) = q^{k-1} p \quad (k = 1, 2, \cdots;\ 0 < p < 1,\ q = 1 - p)$$

となる．この分布を**幾何分布**と呼ぶ．無限等比級数の公式より

$$\sum_{k=1}^{\infty} P(X = k) = \sum_{k=1}^{\infty} q^{k-1} p = p \times \frac{1}{1-q} = 1$$

となるから，分布の条件を満たしている．

● **超幾何分布**　N 個の球が入っている箱がある．N 個のうち M 個が赤球である．この箱から n 個を同時に取り出す試行を考える．取り出した n 個の中で赤球の個数を X とすると

$$P(X = k) = \frac{{}_M C_k \times {}_{N-M} C_{n-k}}{{}_N C_n}$$

$$(\max(0, M + n - N) \leqq k \leqq \min(n, M))$$

となる．この分布を**超幾何分布**と呼ぶ．組合せの性質より

$$\sum_{k=\max(0, M+n-N)}^{\min(n, M)} {}_M C_k \times {}_{N-M} C_{n-k} = {}_N C_n$$

となるから，超幾何分布は分布の条件を満たしていることが分かる．

● **ガンマ分布** X の確率密度関数が

$$f(x) = \begin{cases} \dfrac{1}{\Gamma(\alpha)\beta^\alpha} x^{\alpha-1} e^{-(x/\beta)} & (x \geq 0) \\ 0 & (x < 0) \end{cases}$$

で与えられる分布を**ガンマ分布**と呼ぶ．ただし $0 < \alpha < \infty$, $0 < \beta < \infty$ である．ガンマ分布において $\alpha = 1$ とおいたものは指数分布となり，また $\alpha = \frac{n}{2}, \beta = 2$ とおいたものは χ^2-分布になる．この意味でガンマ分布はいろいろな分布を含む広い分布のクラスとなっている．ガンマ分布が分布である条件を満たすことは，ガンマ関数の定義と変数変換を使えばすぐに示せる．

● **ベータ分布** X の確率密度関数が

$$f(x) = \begin{cases} \dfrac{1}{B(\alpha,\beta)} x^{\alpha-1}(1-x)^{\beta-1} & (0 \leq x \leq 1) \\ 0 & (その他) \end{cases}$$

で与えられる分布を**ベータ分布**と呼ぶ．ただし $0 < \alpha < \infty$, $0 < \beta < \infty$ である．この分布は区間 $[0,1]$ 上の分布を近似するときによく利用される．ベータ分布が分布である条件を満たすことは，ベータ関数の定義より明らかである．

● **コーシー分布** X の確率密度関数が

$$f(x) = \dfrac{a}{\pi\{a^2 + (x-\mu)^2\}} \quad (-\infty < x < \infty)$$

で与えられる分布を**コーシー分布**と呼ぶ．ただし $a > 0$, $-\infty < \mu < \infty$ である．分布の形は図 2.13 にあるように $x = \mu$ に対して対称で，なだらかな，素直な分布にみえる．しかし $x \to \pm\infty$ のときに密度関数が 0 に収束する速さが遅いことが知られており，そのために平均が存在しない（第 3 章で述べる）． $a = 1, \mu = 0$ とおいたコーシー分布は，自由度 1 の t-分布である．

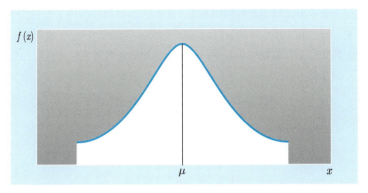

図 2.13 コーシー分布

■ 2.8 発展 2：多次元正規分布

多次元の連続型分布で一番よく利用される，**多次元正規分布**についてみてみよう．p 個の確率変数を並べた，確率ベクトル $\boldsymbol{X} = (X_1, X_2, \cdots, X_p)^t$（$t$ は行列の転置を表す）に対して，同時確率密度関数が

$$f(\boldsymbol{x}) = \frac{1}{\sqrt{|\Sigma|}(2\pi)^{p/2}} \exp\left\{-\frac{1}{2}(\boldsymbol{x} - \boldsymbol{\mu})^t \Sigma^{-1}(\boldsymbol{x} - \boldsymbol{\mu})\right\}$$

で与えられるとき，この分布を p 次元正規分布 $N_p(\boldsymbol{\mu}, \Sigma)$ と呼ぶ．ただし

$$\boldsymbol{x} = \begin{bmatrix} x_1 \\ x_2 \\ \vdots \\ x_p \end{bmatrix}, \quad \boldsymbol{\mu} = \begin{bmatrix} \mu_1 \\ \mu_2 \\ \vdots \\ \mu_p \end{bmatrix}$$

$$\Sigma = \begin{bmatrix} \sigma_{11} & \sigma_{12} & \cdots & \sigma_{1p} \\ \sigma_{21} & \sigma_{22} & \cdots & \sigma_{2p} \\ \vdots & \vdots & \ddots & \vdots \\ \sigma_{p1} & \sigma_{p2} & \cdots & \sigma_{pp} \end{bmatrix}$$

の定数ベクトルおよび定数行列である．また，Σ は対称行列で行列式 $|\Sigma|>0$ を満たす．$(\boldsymbol{x}-\boldsymbol{\mu})^t \Sigma^{-1}(\boldsymbol{x}-\boldsymbol{\mu})$ は，値としては実数であり，**2次形式**と呼ばれる．密度関数は少し複雑であるが，多次元正規分布は非常に素直な性質をもっている．例えば p 次の正則行列 A と定数ベクトル $\boldsymbol{b}$ に対して

$$A\boldsymbol{X}+\boldsymbol{b} \sim N_p\left(A\boldsymbol{\mu}+\boldsymbol{b}, A\Sigma A^t\right)$$

である．また周辺分布も正規分布になる．

さらに p 次元正規分布において Σ が対角行列

$$\Sigma = \begin{bmatrix} \sigma_{11} & 0 & \cdots & 0 \\ 0 & \sigma_{22} & \cdots & 0 \\ \vdots & \vdots & \ddots & \vdots \\ 0 & 0 & \cdots & \sigma_{pp} \end{bmatrix}$$

のとき，2次形式は

$$(\boldsymbol{x}-\boldsymbol{\mu})^t \Sigma^{-1}(\boldsymbol{x}-\boldsymbol{\mu}) = \sum_{i=1}^{p} \frac{1}{\sigma_{ii}}(x_i-\mu_i)^2$$

となる．したがって同時確率密度関数はそれぞれの周辺確率密度関数の積になるから，確率変数 $X_1, X_2, \cdots, X_p$ は互いに独立な確率変数となる．

これらの性質を使うと，標本平均と平方和

$$\overline{X} = \frac{1}{n}\sum_{i=1}^{n} X_i$$

$$S = \sum_{i=1}^{n}(X_i-\overline{X})^2$$

に対して次の定理が成り立つ．これは統計的推測において大事な役割をもつ．

2.8 発展 2：多次元正規分布

定理 2.3 $X_1, X_2, \cdots, X_n$ が互いに独立で同じ正規分布 $N(\mu, \sigma^2)$ にしたがう確率変数のとき，$\overline{X}$ と S は独立で，S/σ^2 は自由度 $n-1$ の χ^2-分布にしたがう．

証明 $n = 3$ の場合を証明する．一般の場合も同様である．第 1 成分が $\overline{X}$ と同値な確率変数となる $\boldsymbol{X} = (X_1, X_2, X_3)^t$ の直交変換は直交行列

$$T = \begin{bmatrix} \dfrac{1}{\sqrt{3}} & \dfrac{1}{\sqrt{3}} & \dfrac{1}{\sqrt{3}} \\ \dfrac{\sqrt{6}}{3} & -\dfrac{\sqrt{6}}{6} & -\dfrac{\sqrt{6}}{6} \\ 0 & \dfrac{1}{\sqrt{2}} & -\dfrac{1}{\sqrt{2}} \end{bmatrix}$$

で与えられる．この T に対して変換 $\boldsymbol{Y} = (Y_1, Y_2, Y_3)^t = T(\boldsymbol{X} - \mu\boldsymbol{1})$ を考える．ただし $\boldsymbol{1} = (1,1,1)^t$ である．このとき $\boldsymbol{X}$ は 3 次元正規分布 $N_3(\mu\boldsymbol{1}, \sigma^2 I)$ にしたがう確率ベクトルと表せる．ただし I は単位行列である．したがって

$$TIT^t = TT^t = I$$

だから

$$\boldsymbol{Y} \sim N_3(\boldsymbol{0}, \sigma^2 I)$$

となる．したがって Y_1, Y_2, Y_3 は互いに独立となる．他方

$$Y_1 = \frac{1}{\sqrt{3}} \sum_{i=1}^{3} (X_i - \mu) = \sqrt{3}(\overline{X} - \mu)$$

であり，ベクトルと行列の計算より

$$Y_1^2 + Y_2^2 + Y_3^2 = \boldsymbol{Y}^t \boldsymbol{Y}$$
$$= (\boldsymbol{X} - \mu\boldsymbol{1})^t T^t T(\boldsymbol{X} - \mu\boldsymbol{1})$$
$$= (\boldsymbol{X} - \overline{X}\boldsymbol{1} + (\overline{X} - \mu)\boldsymbol{1})^t (\boldsymbol{X} - \overline{X}\boldsymbol{1} + (\overline{X} - \mu)\boldsymbol{1})$$
$$= (\boldsymbol{X} - \overline{X}\boldsymbol{1})^t (\boldsymbol{X} - \overline{X}\boldsymbol{1}) + 2(\overline{X} - \mu)\boldsymbol{1}^t (\boldsymbol{X} - \overline{X}\boldsymbol{1}) + (\overline{X} - \mu)^2 \boldsymbol{1}^t \boldsymbol{1}$$

ここで

$$\boldsymbol{1}^t (\boldsymbol{X} - \overline{X}\boldsymbol{1}) = X_1 - \overline{X} + X_2 - \overline{X} + X_3 - \overline{X} = 0$$

したがって

$$Y_1^2 + Y_2^2 + Y_3^2 = (\boldsymbol{X} - \overline{X}\boldsymbol{1})^t(\boldsymbol{X} - \overline{X}\boldsymbol{1}) + (\overline{X} - \mu)^2 \boldsymbol{1}^t \boldsymbol{1}$$
$$= \sum_{i=1}^{3}(X_i - \overline{X})^2 + 3(\overline{X} - \mu)^2$$

さらに $Y_1^2 = 3(\overline{X} - \mu)^2$ であるから

$$Y_2^2 + Y_3^2 = \sum_{i=1}^{3}(X_i - \overline{X})^2 = S$$

Y_1 と $Y_2^2 + Y_3^2$ は独立で，$\overline{X} = Y_1/\sqrt{3} + \mu$ だから $\overline{X}$ と S は独立となる．また $Y_2/\sigma, Y_3/\sigma$ は独立で同じ標準正規分布 $N(0,1)$ にしたがうから，定理の後半も成り立つ． ∎

━ 数理統計学の父　フィッシャー ━

R. A. フィッシャー (1890～1962) は現代統計学の基礎を築いた，20 世紀でもっとも偉大な統計学者である．彼は子供の頃から弱視で，ほとんどの知識を耳から吸収し，頭の中で複雑な数式を操り，数多くの論文を書いた天才であった．しかし，20 世紀はじめに盛んであった，人種の生来の能力を改善する方策を研究するという「優生学」に興味をもち活動したこともあった．この意味で批判する人もいる．また当時の統計学をリードしていたピアソンおよびネイマンとの死ぬまで続いた論争でも知られ，妥協しない性格がうかがえる．

演 習 問 題

2.1 確率密度関数が次の $f(x)$ (c は定数) で与えられたとする.このとき $f(x)$ が密度関数となるためには定数 c の値はいくらか.

$$f(x) = \begin{cases} cx(3-x) & (0 \leq x \leq 3) \\ 0 & (x < 0,\ 3 < x) \end{cases}$$

また分布関数 $F(x)$ を求めよ.

2.2 確率密度関数 $f(x)$ が $f(-x) = f(x)$,すなわち,原点に対して対称なとき

$$1 - F(-x) = F(x)$$

となることを示せ.

2.3 X が正規分布 $N(2, 3^2)$ にしたがい,Y が正規分布 $N(3, 4^2)$ にしたがっていて,独立であるとする.このとき次の確率を求めよ.

(1) $P(X + Y \leq 3)$

(2) $P(3 \leq X + Y \leq 6)$

2.4 確率変数 $X_1, X_2, \cdots, X_5$ が互いに独立で同じ正規分布 $N(0, 1)$ にしたがうとき,次の確率を求めよ.

(1) $P(-1 \leq X_1 \leq 1)$

(2) $P\left(-1 \leq \dfrac{X_1 + X_2}{2} \leq 1\right)$

(3) $P\left(-1 \leq \dfrac{1}{5}(X_1 + X_2 + \cdots + X_5) \leq 1\right)$

2.5 確率変数 X_1, X_2 は独立で,それぞれ自由度 14 の χ^2-分布,自由度 20 の χ^2-分布にしたがうとき

$$P(X_1 \geq X_2 f) = 0.01$$

となる f の値を求めよ.

第3章

期待値と分散

確率分布を比較するときには，離散分布の各点での確率や確率密度関数を比較すればよいが，実際には関数を直接比較するのは大変であるし，不可能なときもある．特に確率の重要な応用である統計的推測では有限個のデータをもとに，分布を推測するという形で定式化される．したがって分布の特徴付けが必要になる．本章では確率分布を特徴付ける**平均**および**分散**について学ぶ．

◆キーワード◆　期待値，平均，分散，標準偏差，共分散，相関係数

■ 3.1 期 待 値

1000 円の当たりが 2 本，500 円の当たりが 3 本，100 円の当たりが 15 本，はずれが 80 本である 100 本のくじがある．このくじを 1 本引く試行を考える．このとき引いたくじの賞金額を X 円とすると，X は確率変数であり，その分布は

表 3.1　くじの賞金と確率

X の値	0	100	500	1000	計
確率	0.8	0.15	0.03	0.02	1

となる．このとき賞金総額は 5000 円であるから，1 本のくじには $\frac{5000}{100} = 50$ 円が期待できる．これを別な見方をすると

$$50 = 0 \times 0.8 + 100 \times 0.15 + 500 \times 0.03 + 1000 \times 0.02$$

となる．すなわち X のとり得る値とその確率をかけて加えたものとなっている．この値を確率変数 X の**期待値**または**平均**と呼び，$E(X)$ で表す．これを一般化すると，X の確率分布が

3.1 期待値

表 3.2 離散型確率分布

X の値	x_1	x_2	$\cdots$	x_n	計
確率	p_1	p_2	$\cdots$	p_n	1

のとき，確率変数 X の期待値は

$$E(X) = x_1 p_1 + x_2 p_2 + \cdots + x_n p_n = \sum_{i=1}^{n} x_i p_i \tag{3.1}$$

となる．X が確率密度関数 $f(x)$ をもつ連続型のときの期待値は

$$E(X) = \int_{-\infty}^{\infty} x f(x)\, dx$$

と定義される．例えば X の確率密度関数が

$$f(x) = \begin{cases} 1 & (0 \leqq x \leqq 1) \\ 0 & (x < 0,\ 1 < x) \end{cases}$$

の連続型一様分布のとき次のようになる．

$$E(X) = \int_{-\infty}^{\infty} x f(x)\, dx = \int_{0}^{1} x \cdot 1\, dx = \frac{1}{2}$$

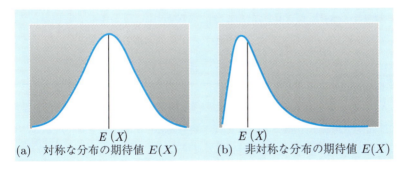

(a) 対称な分布の期待値 $E(X)$　　(b) 非対称な分布の期待値 $E(X)$

図 3.1　期待値 $E(X)$

期待値（平均）は，無限級数や積分が存在しないことがあり，すべての分布に定義されるものではないが，確率分布を特徴付ける第 1 の指標であり，分布の位置を表すとみなすことができるため，位置母数とも呼ばれる．

$u(x)$ を関数(正確には可測関数)とすると,$Y = u(X)$ はまた確率変数となり,Y の期待値を考えることができる.X が離散型のとき Y の分布は

表 3.3 関数 Y の分布

Y の値	$u(x_1)$	$u(x_2)$	$\cdots$	$u(x_n)$	計
確率	p_1	p_2	$\cdots$	p_n	1

である.ただし $u(x_1), u(x_2), \cdots, u(x_n)$ の中には同じ値が含まれる可能性があるため,同じ値のところの確率をまとめる必要がある.この確率をまとめて,定義 (3.1) 通り計算すると次のように与えられる.

- X が離散型のとき Y の期待値は
$$E(Y) = E[u(X)] = \sum_{i=1}^{n} u(x_i) p_i$$
- X が連続型のとき Y の期待値は
$$E(Y) = E[u(X)] = \int_{-\infty}^{\infty} u(x) f(x) \, dx$$

注意 期待値と平均は同じものであるが,期待値の方は一般的な関数 $E[u(X)]$ のときに使われ,平均は $E(X)$ そのものに対して使われることが多い.したがって期待値は数学的な性質を議論するときに使われ,平均は分布の特徴を表す.

例題 3.1

X を連続型の確率変数でその確率密度関数を $f(x)$ とする.$u(x)$ を微分可能な(狭義)単調増加関数($x_1 < x_2$ のとき $u(x_1) < u(x_2)$)とし,逆関数を $v(x)$,すなわち $v(u(x)) = x$ とする.このとき $Y = u(X)$ の確率密度関数は
$$f(v(y)) v'(y)$$
で与えられることを示せ.また $E(Y) = E[u(X)]$ となることを示せ.

解 $u(x)$ が単調増加関数より，不等号の関係はそのままの関係が保たれるから，$Y = u(X)$ の区間 $[a, b]$ $(a \leqq b)$ に入る確率を求めると

$$P(a \leqq Y \leqq b) = P(a \leqq u(X) \leqq b)$$
$$= P\Big(v(a) \leqq X \leqq v(b)\Big) = \int_{v(a)}^{v(b)} f(x)\,dx$$

$y = u(x)$ と変数変換すると $x = v(y)$ だから $\frac{dx}{dy} = v'(y)$ となる．よって

$$P(a \leqq Y \leqq b) = \int_a^b f(v(y))v'(y)\,dy$$

したがって Y の密度関数は $f(v(y))v'(y)$ である．また期待値の定義より

$$E(Y) = \int_{-\infty}^{\infty} y f(v(y))v'(y)\,dy = \int_{-\infty}^{\infty} u(x)f(x)\,dx = E[u(X)] \quad\blacksquare$$

2変数関数 $v(x, y)$ と2つの確率変数 (X, Y) に対して，確率変数 $v(X, Y)$ の期待値も同様に計算される．

- (X, Y) が離散型のとき

$$E[v(X, Y)] = \sum_{i=1}^{m} \sum_{j=1}^{n} v(x_i, y_j) P(X = x_i, Y = y_j)$$

- (X, Y) が連続型のとき

$$E[v(X, Y)] = \iint_{\mathbf{R}^2} v(x, y) f(x, y)\,dxdy$$

このことを使うと期待値に対しての次の線形性が成り立つ．

定理 3.1 期待値について次の線形性が成り立つ．

(1) X を確率変数，a, b を定数とするとき
$$E(aX + b) = aE(X) + b \tag{3.2}$$

(2) 2つの確率変数 X, Y と定数 a, b, c に対して
$$E(aX + bY + c) = aE(X) + bE(Y) + c \tag{3.3}$$

証明 (2) だけを証明する．X, Y を連続型分布で，同時密度関数を $f(x, y)$，それぞれの周辺密度関数を $g(x), h(y)$ とする．このとき

$$\iint_{\mathbf{R}^2}(ax+by+c)f(x,y)\,dxdy$$

$$=a\int_{-\infty}^{\infty}x\left\{\int_{-\infty}^{\infty}f(x,y)\,dy\right\}dx+b\int_{-\infty}^{\infty}y\left\{\int_{-\infty}^{\infty}f(x,y)\,dx\right\}dy$$

$$+c\iint_{\mathbf{R}^2}f(x,y)\,dxdy$$

$$=a\int_{-\infty}^{\infty}xg(x)\,dx+b\int_{-\infty}^{\infty}yh(y)\,dy+c$$

$$=aE(X)+bE(Y)+c$$

今後,数学的な定義としての見方を強調するときは期待値の呼び方を使い,確率分布を強調するときは平均を使う.第2章で紹介した分布についてその平均を求めてみよう.

例1 各分布の平均を計算する.

●離散型一様分布 　 $E(X)=\sum_{i=1}^{n}i\times\dfrac{1}{n}=\dfrac{n+1}{2}$

●二項分布 $B(n,p)$

$$E(X)=\sum_{k=0}^{n}k\times {}_n\mathrm{C}_k p^k(1-p)^{n-k}$$

$$=\sum_{k=0}^{n}k\dfrac{n!}{k!\,(n-k)!}p^k(1-p)^{n-k}$$

$$=np\sum_{k=1}^{n}\dfrac{(n-1)!}{(k-1)!\,\{(n-1)-(k-1)\}!}p^{(k-1)}(1-p)^{(n-1)-(k-1)}$$

$$=np\sum_{l=0}^{n-1}\dfrac{(n-1)!}{l!\,\{(n-1)-l\}!}p^l(1-p)^{(n-1)-l}=np$$

●ポアソン分布 $Po(\lambda)$

$$E(X)=\sum_{k=0}^{\infty}k\times e^{-\lambda}\dfrac{\lambda^k}{k!}=\lambda\sum_{k=1}^{\infty}e^{-\lambda}\dfrac{\lambda^{k-1}}{(k-1)!}=\lambda\sum_{l=0}^{\infty}e^{-\lambda}\dfrac{\lambda^l}{l!}=\lambda$$

3.1 期待値

- 連続型一様分布 $U(a,b)$

$$E(X) = \int_a^b x\frac{1}{b-a}\,dx = \frac{a+b}{2}$$

- 指数分布

$$E(X) = \int_0^\infty x\frac{1}{\alpha}e^{-(1/\alpha)x}\,dx = \left[x\left(-e^{-(1/\alpha)x}\right)\right]_0^\infty + \int_0^\infty e^{-(1/\alpha)x}\,dx$$
$$= \left[-\alpha e^{-(1/\alpha)x}\right]_0^\infty = \alpha$$

- 正規分布 $N(\mu, \sigma^2)$

$$E(X) = \int_{-\infty}^\infty x\frac{1}{\sqrt{2\pi}\,\sigma}\exp\left\{-\frac{(x-\mu)^2}{2\sigma^2}\right\}dx$$
$$= \mu\int_{-\infty}^\infty \frac{1}{\sqrt{2\pi}\,\sigma}\exp\left\{-\frac{(x-\mu)^2}{2\sigma^2}\right\}dx$$
$$+ \int_{-\infty}^\infty (x-\mu)\frac{1}{\sqrt{2\pi}\,\sigma}\exp\left\{-\frac{(x-\mu)^2}{2\sigma^2}\right\}dx$$
$$= \mu + \int_{-\infty}^\infty t\frac{1}{\sqrt{2\pi}\,\sigma}\exp\left(-\frac{t^2}{2\sigma^2}\right)dt$$
$$= \mu + \left[-\sigma^2\frac{1}{\sqrt{2\pi}\,\sigma}\exp\left(-\frac{t^2}{2\sigma^2}\right)\right]_{-\infty}^\infty = \mu$$

- 自由度 n の χ^2-分布 　Γ 関数の性質より

$$\Gamma\left(\frac{n+2}{2}\right) = \frac{n}{2}\Gamma\left(\frac{n}{2}\right)$$

この等式を利用して積分の中を書き換えると

$$E(X) = \int_0^\infty x\frac{1}{2^{n/2}\Gamma\left(\frac{n}{2}\right)}x^{(n/2)-1}e^{-(x/2)}\,dx$$
$$= n\int_0^\infty \frac{1}{2^{(n+2)/2}\Gamma\left(\frac{n+2}{2}\right)}x^{\{(n+2)/2\}-1}e^{-(x/2)}\,dx$$

被積分関数は，自由度 $n+2$ の χ^2-分布の確率密度関数であるから，$E(X) = n$ となる．

■ 3.2 分　　散

確率変数 X に対して平均を $\mu = E(X)$ とおき，関数 $u(x) = (x-\mu)^2$ を考える．このとき X の分布を特徴づける第 2 の指標の**分散** $V(X)$ が
$$V(X) = E[(X-\mu)^2] = E[(X-E(X))^2]$$
と定義される．この分散は平均のまわりの散らばりの度合いを表す指標である．分散が小さいときは，平均のまわりの値をとる確率が大で，分散が大きいときは，平均より離れた値をとる確率が相対的に大きな分布である．

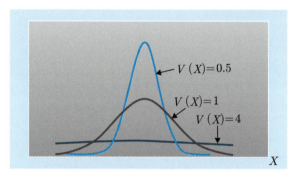

図 3.2　分散 $V(X)$

分散の定義より次の定理が成り立つ．

定理 3.2　確率変数 X の平均を μ とおき，a, b を定数とすると
$$V(X) = E(X^2) - \mu^2, \quad V(aX+b) = a^2 V(X)$$
が成り立つ．

証明　分散の定義と期待値の線形性 (定理 3.1) より
$$V(X) = E[(X-\mu)^2] = E(X^2 - 2\mu X + \mu^2)$$
$$= E(X^2) - 2\mu E(X) + \mu^2 = E(X^2) - \mu^2$$
さらに線形性より $E(aX+b) = a\mu + b$ となるから
$$V(aX+b) = E[(aX+b-(a\mu+b))^2]$$
$$= E[(a(X-\mu))^2]$$
$$= a^2 E[(X-\mu)^2] = a^2 V(X)$$

3.2 分散

分散は2乗したものであるから，単位は2乗したものになる．したがって散らばりの度合いを表すときに，**標準偏差**

$$D(X) = \sqrt{V(X)}$$

を利用することもある．$a > 0$ を定数とすると，$Y = aX$ は確率変数であり

$$V(Y) = V(aX) = a^2 V(X), \quad D(Y) = D(aX) = aD(X)$$

したがって標準偏差は単位を変換したときに，同じ変換を施せばよいということになる．

第2章で紹介した分布について，その分散を求めてみよう．

例2 各分布の分散を求める．

● **離散型一様分布**

$$E(X^2) = \sum_{i=1}^{n} i^2 \frac{1}{n} = \frac{(n+1)(2n+1)}{6}$$

よって

$$V(X) = E(X^2) - [E(X)]^2 = \frac{(n+1)(2n+1)}{6} - \frac{(n+1)^2}{4} = \frac{n^2-1}{12}$$

● **二項分布 $B(n,p)$** $E(X^2)$ を求めるために，まず $E[X(X-1)]$ を計算する．

$$E[X(X-1)] = \sum_{k=0}^{n} k(k-1)\,{}_n\mathrm{C}_k p^k (1-p)^{n-k}$$

$$= \sum_{k=2}^{n} k(k-1) \frac{n!}{k!\,(n-k)!} p^k (1-p)^{n-k}$$

$$= n(n-1)p^2 \sum_{k=2}^{n} \frac{(n-2)!}{(k-2)!\{(n-2)-(k-2)\}!} p^{(k-2)} (1-p)^{(n-2)-(k-2)}$$

$$= n(n-1)p^2 \sum_{l=0}^{n-2} \frac{(n-2)!}{l!\{(n-2)-l\}!} p^l (1-p)^{(n-2)-l}$$

$$= n(n-1)p^2$$

したがって $E(X^2) = E[X(X-1)] + E(X) = n(n-1)p^2 + np$ となるから

$$V(X) = n(n-1)p^2 + np - n^2 p^2 = np(1-p)$$

● ポアソン分布 $Po(\lambda)$ 二項分布と同様にして

$$E[X(X-1)] = \sum_{k=0}^{\infty} k(k-1)e^{-\lambda}\frac{\lambda^k}{k!} = \lambda^2 \sum_{k=2}^{\infty} e^{-\lambda}\frac{\lambda^{k-2}}{(k-2)!}$$

$$= \lambda^2 \sum_{l=0}^{\infty} e^{-\lambda}\frac{\lambda^l}{l!} = \lambda^2$$

したがって $E(X^2) = E[X(X-1)] + E(X) = \lambda^2 + \lambda$ となるから

$$V(X) = \lambda^2 + \lambda - \lambda^2 = \lambda$$

● 連続型一様分布 $U(a,b)$

$$E(X^2) = \int_a^b x^2 \frac{1}{b-a} dx = \frac{a^2+ab+b^2}{3}$$

したがって

$$V(X) = \frac{a^2+ab+b^2}{3} - \frac{(a+b)^2}{4} = \frac{(b-a)^2}{12}$$

● 指数分布   部分積分を 2 回使って

$$E(X^2) = \int_0^\infty x^2 \frac{1}{\alpha} e^{-(1/\alpha)x} dx$$

$$= \left[x^2(-e^{-(1/\alpha)x})\right]_0^\infty + \int_0^\infty 2xe^{-(1/\alpha)x} dx$$

$$= \left[2x(-\alpha e^{-(1/\alpha)x})\right]_0^\infty + \int_0^\infty 2\alpha e^{-(1/\alpha)x} dx$$

$$= \left[-2\alpha^2 e^{-(1/\alpha)x}\right]_0^\infty = 2\alpha^2$$

よって

$$V(X) = 2\alpha^2 - \alpha^2 = \alpha^2$$

● 正規分布 $N(\mu,\sigma^2)$ $t=(x-\mu)/\sigma$ と変数変換したものと

$$\frac{d}{dt}e^{-(t^2/2)} = -te^{-(t^2/2)}$$

を利用すると

$$E[(X-\mu)^2] = \int_{-\infty}^{\infty} (x-\mu)^2 \frac{1}{\sqrt{2\pi}\,\sigma} \exp\left\{-\frac{(x-\mu)^2}{2\sigma^2}\right\} dx$$

$$= \sigma^2 \int_{-\infty}^{\infty} t^2 \frac{1}{\sqrt{2\pi}} \exp\left(-\frac{t^2}{2}\right) dt$$

$$= \sigma^2 \left(\left[-t \frac{1}{\sqrt{2\pi}} \exp\left(-\frac{t^2}{2}\right) \right]_{-\infty}^{\infty} + \int_{-\infty}^{\infty} \frac{1}{\sqrt{2\pi}} \exp\left(-\frac{t^2}{2}\right) dt \right)$$
$$= \sigma^2 \qquad \blacksquare$$

● **共分散** 次に 2 次元以上の確率分布を特徴付けるのに必要な **共分散** を定義しよう．2 つの確率変数 (X,Y) に対して，$\mu_x = E(X)$, $\mu_y = E(Y)$ とおくとき

$$\mathrm{Cov}(X,Y) = E[(X - \mu_x)(Y - \mu_y)]$$
$$= E[(X - E(X))(Y - E(Y))]$$

を X と Y の共分散と呼ぶ．$\mathrm{Cov}(X,Y) > 0$ のときは，X が大きければ Y も大きくなる確率が大という関係を表し，$\mathrm{Cov}(X,Y) < 0$ のときは逆に X が大きければ Y は小さくなる確率が大という関係を表す．確率変数 (X,Y) に対して次の定理が成り立つ．

定理 3.3 (X,Y) を 2 つの確率変数とする．
(1) $\mathrm{Cov}(X,Y) = \mathrm{Cov}(Y,X)$
$\qquad = E(XY) - E(X)E(Y)$
(2) 定数 a, b に対して $\mathrm{Cov}(aX, bY) = ab\,\mathrm{Cov}(X,Y)$
(3) $V(X+Y) = V(X) + V(Y) + 2\,\mathrm{Cov}(X,Y)$
(4) X と Y が独立ならば
 (i) $E(XY) = E(X)E(Y)$
 (ii) $\mathrm{Cov}(X,Y) = 0$
 (iii) $V(X+Y) = V(X) + V(Y)$
(5) (X,Y,Z) を 3 次元確率ベクトルとするとき
$\qquad \mathrm{Cov}(X+Y, Z) = \mathrm{Cov}(X,Z) + \mathrm{Cov}(Y,Z)$

証明 $\mu_x = E(X)$, $\mu_y = E(Y)$ とおく．
(1) 共分散の定義と期待値の線形性 (3.3) より

$$\mathrm{Cov}(X,Y) = E(XY - \mu_x Y - \mu_y X + \mu_x \mu_y)$$
$$= E(XY) - \mu_x E(Y) - \mu_y E(X) + \mu_x \mu_y$$
$$= E(XY) - \mu_x \mu_y$$

(2) $E(aX) = aE(X)$, $E(bY) = bE(Y)$ より

$$\begin{aligned}\text{Cov}(aX, bY) &= E[(aX - aE(X))(bY - bE(Y))] \\ &= ab\, E[(X - E(X))(Y - E(Y))] \\ &= ab\, \text{Cov}(X, Y)\end{aligned}$$

(3) $E(X + Y) = \mu_x + \mu_y$ だから

$$\begin{aligned}V(X + Y) &= E[(X + Y - \mu_x - \mu_y)^2] \\ &= E[(X - \mu_x)^2 + 2(X - \mu_x)(Y - \mu_y) + (Y - \mu_y)^2] \\ &= E[(X - \mu_x)^2] + 2E[(X - \mu_x)(Y - \mu_y)] + E[(Y - \mu_y)^2] \\ &= V(X) + 2\,\text{Cov}(X, Y) + V(Y)\end{aligned}$$

(4) (X, Y) が連続型の場合を示す．離散型についても同じである．同時確率密度関数を $f(x, y)$ とおき，周辺確率密度関数を $g(x), h(y)$ とすると，X と Y は独立だから $f(x, y) = g(x)h(y)$ である．したがって

$$\begin{aligned}E(XY) &= \int_{-\infty}^{\infty}\int_{-\infty}^{\infty} xy f(x, y)\, dxdy \\ &= \int_{-\infty}^{\infty} xg(x) \left\{ \int_{-\infty}^{\infty} yh(y)\, dy \right\} dx \\ &= \left\{ \int_{-\infty}^{\infty} xg(x)\, dx \right\} \left\{ \int_{-\infty}^{\infty} yh(y)\, dy \right\} \\ &= E(X)E(Y)\end{aligned}$$

他はこの式を使えば明らかである．

(5) $\mu_z = E(Z)$ とおくと

$$\begin{aligned}\text{Cov}(X + Y, Z) &= E[\{X + Y - (\mu_x + \mu_y)\}(Z - \mu_z)] \\ &= E[(X - \mu_x)(Z - \mu_z) + (Y - \mu_y)(Z - \mu_z)] \\ &= \text{Cov}(X, Z) + \text{Cov}(Y, Z)\end{aligned}$$

この性質を使って統計的推測で重要な，**標本平均**の期待値および分散を求めておく．

> **定理 3.4** $X_1, X_2, \cdots, X_n$ を互いに独立で同じ分布にしたがう確率変数とする．この分布の平均を $\mu = E(X_i)$，分散を $\sigma^2 = V(X_i)$ とおく．このとき標本平均
> $$\overline{X} = \frac{1}{n}\sum_{i=1}^{n} X_i$$
> に対して
> $$E(\overline{X}) = \mu, \quad V(\overline{X}) = \frac{\sigma^2}{n}$$
> が成り立つ．

証明 期待値の線形性 (3.3) より

$$E(\overline{X}) = \frac{1}{n}\sum_{i=1}^{n} E(X_i) = \frac{1}{n}\sum_{i=1}^{n}\mu = \mu$$

また独立な確率変数の和の分散は，定理 3.3 の (4) よりそれぞれの分散の和に等しく，定数倍は 2 乗して外にでるから

$$V(\overline{X}) = \frac{1}{n^2}\sum_{i=1}^{n} V(X_i) = \frac{\sigma^2}{n}$$ ∎

定理 3.3 でも分かるように，共分散 $\mathrm{Cov}(X,Y)$ は片方が定数倍されれば，そのまま定数倍されるので，X と Y の関係をみるときには，不都合なことが多い．そこで考えられるのが**相関係数**である．相関係数 $\rho(X,Y)$ は

$$\rho(X,Y) = \frac{\mathrm{Cov}(X,Y)}{\sqrt{V(X)V(Y)}}$$

と定義される．分散と共分散の性質を使うと，定数 $a > 0, b > 0$ に対して

$$\rho(aX, bY) = \frac{\mathrm{Cov}(aX, bY)}{\sqrt{V(aX)V(bY)}} = \frac{ab\,\mathrm{Cov}(X,Y)}{\sqrt{a^2 V(X) b^2 V(Y)}}$$
$$= \rho(X,Y)$$

となる．したがって相関係数は，定数倍について不変であるから，変数の単位の変換について不変である．さらに相関係数 $\rho(X,Y)$ については次の不等式が成り立つ．

| 定理 3.5 | 相関係数は $-1 \leq \rho(X,Y) \leq 1$ である．|

証明 t の関数 $u(t) = V(tX+Y)$ を考える．定理 3.2, 定理 3.3 の (2), (3) より

$$\begin{aligned} u(t) &= V(tX+Y) \\ &= V(tX) + 2\operatorname{Cov}(tX,Y) + V(Y) \\ &= V(X)t^2 + 2\operatorname{Cov}(X,Y)t + V(Y) \end{aligned}$$

分散は必ず 0 以上であるから，すべての t に対して $u(t) \geq 0$ である．t の 2 次式と考えると $V(X) > 0$ だから $u(t)$ の判別式は 0 以下である．すなわち

$$\{\operatorname{Cov}(X,Y)\}^2 - V(X)V(Y) \leq 0$$

したがって $|\rho(X,Y)| \leq 1$ となり定理は成り立つ． ■

証明の中で使った不等式は，コーシー-シュヴァルツの不等式として知られているものである．また定数 a,b に対して，$Y = aX + b$ の線形の関係があるときだけ $|\rho(X,Y)| = 1$ となる．

■ 3.3　発展 1：共分散の例

共分散の具体的な例を離散型，連続型それぞれ 1 つずつあげておく．

● **多項分布**　$X_1, X_2, \cdots, X_k$ を第 2 章の 例 4 の多項分布にしたがっているとする．このとき

$$\begin{aligned} E(X_i) &= np_i & (i=1,2,\cdots,k) \\ V(X_i) &= np_i(1-p_i) & (i=1,2,\cdots,k) \\ \operatorname{Cov}(X_i, X_j) &= -np_i p_j & (i \neq j) \end{aligned}$$

となる．X_i の周辺分布は二項分布 $B(n, p_i)$ だから，平均と分散は二項分布の結果より成り立つ．$k=3$ の場合に $\operatorname{Cov}(X_1, X_2) = -np_1 p_2$ であることを示す．

3.3 発展1：共分散の例

$$E(X_1 X_2) = \sum_{x_1+x_2+x_3=n} x_1 x_2 \times \frac{n!}{x_1!\, x_2!\, (n-x_1-x_2)!} p_1^{x_1} p_2^{x_2} p_3^{n-x_1-x_2}$$

$$= n(n-1)p_1 p_2$$

$$\times \sum_{x_1+x_2+x_3=n} \frac{(n-2)!}{(x_1-1)!\,(x_2-1)!\,(n-x_1-x_2)!} p_1^{x_1-1} p_2^{x_2-1} p_3^{n-x_1-x_2}$$

$$= n(n-1)p_1 p_2 \sum_{y_1+y_2+y_3=n-2} \frac{(n-2)!}{y_1!\, y_2!\, (n-2-y_1-y_2)!} p_1^{y_1} p_2^{y_2} p_3^{n-2-y_1-y_2}$$

$$= n(n-1)p_1 p_2$$

したがって，$\mathrm{Cov}(X_1, X_2) = n(n-1)p_1 p_2 - np_1 np_2 = -np_1 p_2$

● **2次元正規分布 $N_2(\mu_1, \mu_2, \sigma_1^2, \sigma_2^2, \rho)$** (X_1, X_2) が2次元正規分布にしたがうときの共分散を計算する．

$$\mathrm{Cov}(X_1, X_2) = \iint_{\mathbf{R}^2} (x-\mu_1)(y-\mu_2) \frac{1}{2\pi\sqrt{1-\rho^2}\,\sigma_1 \sigma_2}$$

$$\times \exp\left\{-\frac{1}{2(1-\rho^2)}\left[\frac{(x-\mu_1)^2}{\sigma_1^2} - 2\rho\frac{(x-\mu_1)(y-\mu_2)}{\sigma_1 \sigma_2} + \frac{(y-\mu_2)^2}{\sigma_2^2}\right]\right\} dxdy$$

$$= \sigma_1 \sigma_2 \iint_{\mathbf{R}^2} uv \frac{1}{2\pi\sqrt{1-\rho^2}} \exp\left\{-\frac{1}{2(1-\rho^2)}\left[u^2 - 2\rho uv + v^2\right]\right\} dudv$$

$$= \sigma_1 \sigma_2 \int_{-\infty}^{\infty} v$$

$$\times \left(\int_{-\infty}^{\infty} u \frac{1}{2\pi\sqrt{1-\rho^2}} \exp\left\{-\frac{1}{2(1-\rho^2)}\left[(u-\rho v)^2 + (1-\rho^2)v^2\right]\right\} du\right) dv$$

$$= \sigma_1 \sigma_2 \int_{-\infty}^{\infty} v e^{-(v^2/2)} \left(\int_{-\infty}^{\infty} (u-\rho v) \frac{1}{2\pi\sqrt{1-\rho^2}} \exp\left\{-\frac{(u-\rho v)^2}{2(1-\rho^2)}\right\} du\right) dv$$

$$+ \sigma_1 \sigma_2 \int_{-\infty}^{\infty} \rho v^2 \exp\left(-\frac{v^2}{2}\right) \left(\int_{-\infty}^{\infty} \frac{1}{2\pi\sqrt{1-\rho^2}} \exp\left\{-\frac{(u-\rho v)^2}{2(1-\rho^2)}\right\} du\right) dv$$

$$= 0 + \sigma_1 \sigma_2 \rho \int_{-\infty}^{\infty} v^2 \frac{1}{\sqrt{2\pi}} \exp\left(-\frac{v^2}{2}\right) dv = \rho \sigma_1 \sigma_2$$

したがって $\mathrm{Cov}(X_1, X_2) = \rho \sigma_1 \sigma_2$ である．さらに $V(X_1) = \sigma_1^2$, $V(X_2) = \sigma_2^2$ だから，相関係数は $\rho(X_1, X_2) = \rho$ である．

3.4 発展2：中心極限定理

確率論の主要なテーマであった**中心極限定理**について結果だけを紹介しておく．二項分布 $B(n,p)$ を扱うとき，先に言及したように，n が大きいと確率の計算は大変になり，昔のように手で計算していた時代には，とても求めることはできなかった．このような状況の下で，階乗 $n!$, $(n-k)!$, $k!$ に対してスターリングの公式と呼ばれる近似式を使って，二項分布が正規分布で近似できることが示された．X を二項分布 $B(n,p)$ にしたがう確率変数とすると

$$E(X) = np, \quad V(X) = np(1-p)$$

であった．このとき

$$\lim_{n \to \infty} P\left(\frac{X - E(X)}{\sqrt{V(X)}} \leq x\right) = \lim_{n \to \infty} P\left(\frac{X - np}{\sqrt{np(1-p)}} \leq x\right)$$
$$= \int_{-\infty}^{x} \frac{1}{\sqrt{2\pi}} e^{-(t^2/2)} dt$$

が成り立つ．これは**ド・モアブル-ラプラスの定理**として知られている．この定理は以下に述べる標本平均の正規近似の特別な場合である．

定理 3.6 （中心極限定理） $X_1, X_2, \cdots, X_n$ を互いに独立で同じ分布にしたがう確率変数とする．このとき $E(X_i) = \mu$, $V(X_i) = \sigma^2 > 0$ が存在するならば，$\overline{X} = \sum_{i=1}^{n} X_i / n$ に対して

$$\lim_{n \to \infty} P\left(\frac{\overline{X} - E(\overline{X})}{\sqrt{V(\overline{X})}} \leq x\right) = \lim_{n \to \infty} P\left(\frac{\sqrt{n}(\overline{X} - \mu)}{\sigma} \leq x\right)$$
$$= \int_{-\infty}^{x} \frac{1}{\sqrt{2\pi}} e^{-(t^2/2)} dt$$

したがって $\overline{X}$ を標準化した $\sqrt{n}(\overline{X} - \mu)/\sigma$ は近似的に標準正規分布にしたがう．

3.4 発展2：中心極限定理

この証明には，確率論の重要な道具である**特性関数**を利用しなければならない．確率変数 X の特性関数 $\varphi(t)$ は

$$\varphi(t) = E[e^{itX}]$$
$$= E[\cos(tX)] + iE[\sin(tX)]$$

で定義される．ただし i は虚数単位である．詳しくは巻末の確率論の本を参照されたい．

$X_1, X_2, \cdots, X_n$ を互いに独立で同じ分布

$$P(X_i = 1) = p, \quad P(X_i = 0) = 1 - p \quad (i = 1, 2, \cdots, n)$$

にしたがう確率変数とすると，$X = \sum_{i=1}^{n} X_i$ は二項分布 $B(n,p)$ にしたがう．X/n について定理3.6を適用すれば，ド・モアブル-ラプラスの定理が導かれる．二項分布の正規近似においては次の**半数補正**

$$\frac{X - np - \frac{1}{2}}{\sqrt{np(1-p)}} \approx N(0,1)$$

を行った方が近似がよくなることが知られている．

この中心極限定理が成り立つことから，正規分布は非常に重要な分布となり，後に学習する統計的推測においては，正規分布を仮定していろいろ議論していく．中心極限定理はその理論的な1つの根拠を与えることになる．近年においては，エッジワース展開と呼ばれるような，より精密な近似がさまざまに研究され実用化されつつある．

演習問題

3.1 2つのサイコロを投げる試行を考える．出た目の和を X とおくとき，X の期待値 $E(X)$ を求めよ．

3.2 χ^2 が自由度 n の χ^2-分布にしたがうとき

$$E(\chi^2) = n$$

となることを，第2章の χ^2-分布の導出法を使って示せ．

3.3 X を離散型の確率変数，a, b を定数とするとき，期待値の線形性

$$E(aX + b) = aE(X) + b$$

が成り立つことを示せ．

3.4 X, Y を確率変数，a, b, c を定数とすると

$$V(aX + bY + c) = a^2 V(X) + b^2 V(Y) + 2ab\,\mathrm{Cov}(X, Y)$$

が成り立つことを示せ．

3.5 確率変数 X, Y に対して，$V(X) = V(Y)$ であると仮定する．このとき $U = X + Y,\ W = X - Y$ とおくと

$$\mathrm{Cov}(U, W) = 0$$

が成り立つことを示せ．

ラプラスの確率観

ラプラスは，天体力学などに数多くの貢献をし，新しい数学的手法を生み出したフランスの代表的数学者である．確率論においてもド・モアブルの定理を一般化した，二項分布の中心極限定理の証明などに優れた業績を残している．しかし彼は，偶然というものは存在せず，すべての現象は決定論的であるという考え方をもっていた．自然を支配する法則をすべて明らかにできないから，確率が必要とされると主張している．この考え方はその後の確率に対する見方に長く影響して，現在でもすべての自然法則が明らかになれば確率は必要ないと思っている人が少なからずいる．彼個人の生き方はあまり感心しないものがあったが，数学への影響は大きかったといわざるを得ない．

第4章

データの処理

　本章では日常 Excel などで，統計理論を意識することなく行っているデータの処理法について基本的な事柄について学ぶ．これらの処理法の妥当性は確率を使って理論的に説明できるものであるが，これについては第 5 章以降で学習する．

　◆キーワード◆　度数分布表，ヒストグラム，標本平均，標本分散，箱ひげ図，散布図，標本相関係数

■ 4.1　度数分布表とヒストグラム

　調査，観測，実験などで得られたデータに対して，最初に行われる処理としては，**度数分布**として表にまとめることが多い．例えば次のデータはあるクラスの学生 100 人に対しての試験の結果である．

100, 49, 63, 38, 72, 33, 64, 67, 52, 28, 85, 72, 64, 61, 91, 62, 84
 61, 47, 68, 59, 82, 49, 69, 46, 84, 72, 17, 70, 56, 72, 54, 46, 81
100, 71, 38, 65, 55, 100, 43, 49, 91, 86, 76, 47, 100, 56, 51, 53, 50
 44, 83, 63, 55, 46, 30, 11, 57, 72, 53, 71, 72, 59, 38, 50, 18, 40
100, 87, 71, 43, 18, 75, 90, 36, 42, 91, 52, 61, 42, 50, 49, 81, 59
 67, 54, 58, 69, 77, 82, 15, 29, 66, 65, 68, 55, 33, 71, 45

　このままではデータがどういう構造をもっているか分かりにくい．このようなデータの処理では，まず次のような**度数分布表**がよく利用される．

4. データの処理

表 4.1 成績の度数分布表

点数	11-20	21-30	31-40	41-50	51-60	61-70	71-80	81-90	91-100
人数	5	3	7	18	17	18	13	11	8

これを図にすると

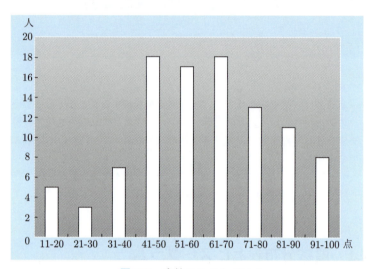

図 4.1 成績のヒストグラム

　この図を**ヒストグラム**と呼ぶ．一般に 10 点きざみのような点数の等分割を**階級**と呼び，各階級に入る人数を**度数**と呼ぶ．ヒストグラムは視覚に訴えて，データの構造を直観的に理解するには非常に便利である．例えばデータが左右対称であるか，データの位置（平均）がどれぐらいであるかが分かる．しかし，階級の分け方によってヒストグラムからのイメージがかなり変わる場合があり，注意が必要である．どのくらいの数の階級に分けるかは，いろいろ議論されているが，簡単な目安としては平方根則，すなわち階級数 $k \approx \sqrt{n}$ とするものがある．ただし n はデータ数を表す．この他にもいろいろな規準が提案されている．ヒストグラムで棒の代わりに，線で結んだ**折れ線グラフ**もよく利用される．
　データを視覚的にとらえた後，さらにデータの特徴を数値的にとらえる必要がある．そのとき計算されるのが，**平均**，**分散**，**標本中央値（メディアン）**などである．

- **平均** データを一般的にとり扱うために $x_1, x_2, \cdots, x_n$ とおくと平均は

$$\overline{x} = \frac{1}{n}(x_1 + x_2 + \cdots + x_n) = \frac{1}{n}\sum_{i=1}^{n} x_i$$

で定義される．これはデータの位置を表すものと考えられる．先のデータでは $\overline{x} = 60.12$ と計算される．

- **分散** データのばらつきの度合いを表す分散は

$$v^2 = \frac{1}{n}\sum_{i=1}^{n}(x_i - \overline{x})^2 = \frac{1}{n}\left(\sum_{i=1}^{n} x_i^2 - \frac{\left(\sum_{i=1}^{n} x_i\right)^2}{n}\right)$$

と計算される．今の場合は $v^2 = 409.95$ である．得られたデータを等確率 $\frac{1}{n}$ でとる確率変数を考えると，これらは第3章で学習した平均，分散になっている．これらを**標本平均**，**標本分散**と呼ぶ．

- **標本中央値** 標本中央値（メディアン）$\widetilde{x}$ はデータを小さい順に並べ替えた

$$x_{[1]} \leq x_{[2]} \leq \cdots \leq x_{[n]}$$

に対して

$$\widetilde{x} = \begin{cases} x_{[(n+1)/2]} & (n \text{ が奇数}) \\ \frac{1}{2}(x_{[n/2]} + x_{[(n/2)+1]}) & (n \text{ が偶数}) \end{cases}$$

で与えられる．すなわちデータの真ん中の値である．試験のデータでは $\widetilde{x} = 60$ である．これもデータの位置を表すものと解釈できるが，特にデータがゆがんだ分布をしているときに，平均より有効であることが知られている．

グラフによる統計処理

近年のコンピュータの発達により統計処理のときに，グラフ化して直接視覚に訴えることが容易になり，様々な場面で活用されている．しかしグラフだけに頼って，判断するのは危険な場合もある．作図の要素を少し変更するだけで，がらりとグラフが変化するときもあるし，処理を行う人はなるべく劇的にみせようとして，1番都合のよいものを使って視覚に訴えてくる．このような危険に陥らないように，やはりデータを処理して数値化したものを利用すべきである．

■4.2 箱 ひ げ 図

　ヒストグラムは1組のデータの概形を直観的に理解するのに有効な手段であるが，何組かの同じ種類のデータを理解するときには，組の数だけ図をみなければならない．このようなときに有用なのが**箱ひげ図**と呼ばれるものである．次の例を考えてみよう．ある高校で A, B, C, D, E の5クラス一緒に定期試験を行い，数学についての点数を調べた．このデータをもとに箱ひげ図を書いたものが図 4.2 である．各クラスの試験を受けた人数は，45, 47, 44, 46, 47（人）であった．

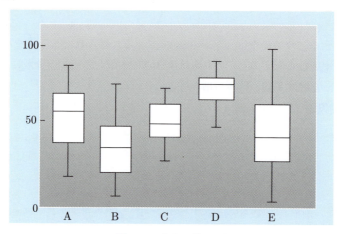

図 4.2　成績の箱ひげ図

　箱ひげ図の作り方は，① **下側四分位点**（データを小さい方から数えて全体の25％となる点あるいは1番近い点）と**上側四分位点**（同じく全体の75％となる点）を引きこれを2辺とする箱を書く．② この箱の中に標本中央値（メディアン）を引く．③ この箱から上下にそれぞれ1番小さい値と大きな値に線を引く．このとき全体のデータからあまりにも外れている**外れ値**を除外する．これが箱ひげ図で，各組によるデータの構造の違いを視覚的にとらえることができる．上下に伸ばした線分と箱を含めた部分が，データの範囲を表し，箱の上下の大きさで，データのばらつきをみることができる．さらに標本中央値と上下四分位点の長さの比較により，データのずれをみることができる．また，各組の得点の分布を一緒にみることができ，直観的な比較が可能である．

4.3 散布図

ある人の身長と体重のように，1つの個体に対して2つの測定値が得られるとき全体の様子を視覚的にとらえる方法として，**散布図**がある．次の図は，あるクラス50人の身長と体重を測定しそれをプロットしたものである．

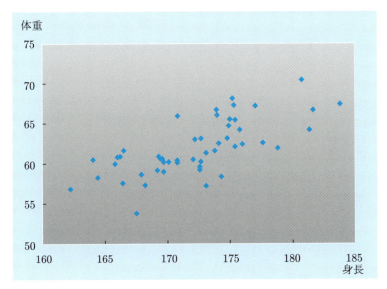

図 4.3　身長と体重の散布図

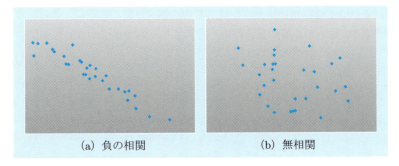

図 4.4　負の相関と無相関

図4.3で分かるように身長が高い人は，体重も重いという傾向がある．これを**正の相関**があるという．これとは逆に，図4.4(a) のように片方が大きくなるともう一方が小さくなる傾向があるものを**負の相関**があるという．また図4.4(b) のように，何も関連がないものを**無相関**であるという．

2つのデータを視覚的にとらえるのは，散布図であるが，数値的に評価するときは，**標本相関係数**が使われる．データを $(x_1, y_1), (x_2, y_2), \cdots, (x_n, y_n)$ とするとき，次の平方和を計算する．

$$\overline{x} = \frac{1}{n}\sum_{i=1}^{n} x_i, \quad \overline{y} = \frac{1}{n}\sum_{i=1}^{n} y_i$$

$$s_{xx} = \sum_{i=1}^{n}(x_i - \overline{x})^2 = \sum_{i=1}^{n} x_i^2 - \frac{\left(\sum_{i=1}^{n} x_i\right)^2}{n}$$

$$s_{yy} = \sum_{i=1}^{n}(y_i - \overline{y})^2 = \sum_{i=1}^{n} y_i^2 - \frac{\left(\sum_{i=1}^{n} y_i\right)^2}{n}$$

$$s_{xy} = \sum_{i=1}^{n}(x_i - \overline{x})(y_i - \overline{y}) = \sum_{i=1}^{n} x_i y_i - \frac{\left(\sum_{i=1}^{n} x_i\right)\left(\sum_{i=1}^{n} y_i\right)}{n}$$

このとき標本相関係数 r は

$$r = \frac{s_{xy}}{\sqrt{s_{xx} s_{yy}}}$$

で計算される．標本相関係数は，標本平均，標本分散と同様に，得られたデータを等確率 $\frac{1}{n}$ でとる確率変数の組と考えると，第3章で学習した相関係数である．データから計算されたことを強調するときは，標本相関係数と呼ばれる．図4.3のデータに対して計算すると，$r = 0.70$ となる．正の相関のときは $r > 0$ で，負の相関のときは $r < 0$ である．無相関のときは r の値は 0 に近い値となる．

4.4 多次元のグラフ化

散布図では2次元のデータを視覚的にとらえることができ，3次元の場合も何とか3次元グラフを使って表すことができる．しかし4次元以上は物理的に不可能である．このようなデータに対して，**レーダーチャート**，顔形グラフ，体型グラフ，星座グラフなどの表示法が工夫されている．

レーダーチャートは，**クモの巣グラフ**あるいは**ダイアグラム**とも呼ばれ，図 4.5 のようなもので，食品の栄養価の表示等に広く利用されている．原理的には何次元のデータの表示も可能であるが，あまり多くなりすぎるとみにくくなり視覚に訴えるという目的からは不適切になる．5～6次元を目安に，それ以上大きな次元のデータには，顔形グラフなどの利用が適切である．いずれの場合も，多次元グラフは1つのグラフで，1つの個体に対する測定値を表現するのが精一杯で，n 組の測定値を一緒にみるのは，いくつか並べてみることはできるが，限界がある．2次元の組をいくつか作って視覚的にとらえるか，数値的に処理する必要がある．

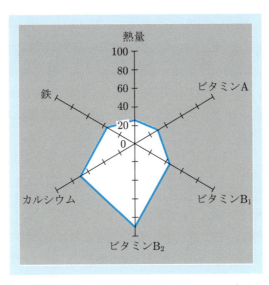

図 4.5 レーダーチャート（食品栄養価）

第5章

統計的推定

　n 個のデータ $x_1, x_2, \cdots, x_n$ を確率変数 $X_1, X_2, \cdots, X_n$ のとり得る値の1つとみなして，いろいろな処理を行い，その妥当性を確率を使って評価していくのが統計的推測である．統計的推測の1つは**推定**と呼ばれ，1点だけを決める**点推定**と，ある幅をもたせて推定する**区間推定**がある．本章ではこれらについて学習する．

◆キーワード◆　母数，点推定，推定値，推定量，一致推定，不偏推定，最尤推定，区間推定，信頼係数，信頼区間

■ 5.1 点推定

　$X_1, X_2, \cdots, X_n$ を互いに独立で同じ分布（**母集団分布**と呼ぶ）$F_\theta(x)$ にしたがう確率変数とし，n 個のデータ $x_1, x_2, \cdots, x_n$ を確率変数 $X_1, X_2, \cdots, X_n$ のとり得る値の1つとみなす．このとき $x_1, x_2, \cdots, x_n$ を**実現値**と呼び，$X_1, X_2, \cdots, X_n$ を母集団分布 $F_\theta(x)$ からの**無作為標本**と呼ぶ．ここで θ は母集団分布を特徴付ける定数で，**母数**（パラメータ）と呼ばれる．母数は平均，分散，相関係数が基本となり，これらを母数であることを明確にするために**母平均**，**母分散**，**母相関係数**と呼ぶ．統計的推測は多くの場合，分布を特徴付ける母数についての推測を行う形で定式化される．最初に推測の対象となるのが母平均 $\mu = E(X_1)$ で，母平均についての点推定で1番よく知られているのが，**標本平均**

$$\overline{X} = \frac{1}{n}(X_1 + X_2 + \cdots + X_n) = \frac{1}{n}\sum_{i=1}^{n} X_i$$

5.1 点推定

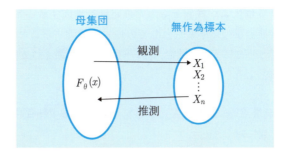

図 5.1 統計的推測

である．点推定の考え方は

$$\overline{x} = \frac{1}{n}\sum_{i=1}^{n} x_i \text{ を母平均 } \mu \text{ とみなす}$$

というものである．確率変数 $\overline{X}$ を **推定量**，実際に観測されたデータの値 $x_1, x_2, \cdots, x_n$ を代入した実現値 $\overline{x} = \sum_{i=1}^{n} \frac{x_i}{n}$ を **推定値** と呼ぶ．標本平均の期待値と分散については，定理 3.4 より次の式が成り立つ．

$$E(\overline{X}) = \mu, \quad V(\overline{X}) = \frac{\sigma^2}{n} \tag{5.1}$$

● **点推定** 点推定は，確率変数の関数である推定量 $T = T(X_1, X_2, \cdots, X_n)$ を決めて，実際のデータを代入した実現値 $t = T(x_1, x_2, \cdots, x_n)$ を母数 θ とみなすという形で定式化される．母平均の推定では，標本平均のほかに **標本中央量（メディアン）** も使われる．$X_1, X_2, \cdots, X_n$ を大きさの順に並びかえて，$X_{[1]} \leq X_{[2]} \leq \cdots \leq X_{[n]}$ なる **順序統計量** を考えると，標本中央量 $\widetilde{X}$ は第 4 章で学習したように

$$\widetilde{X} = \begin{cases} X_{[(n+1)/2]} & (n \text{ が奇数}) \\ \frac{1}{2}\bigl(X_{[n/2]} + X_{[(n/2)+1]}\bigr) & (n \text{ が偶数}) \end{cases}$$

で与えられる．標本中央量は本来，分布の中央値 c

$$P(X \leq c) = P(X \geq c) = \frac{1}{2}$$

の推定量として提案されたものである．しかしある点で対称な分布の場合には，母平均と中央値は一致するから，母平均の推定量としても使われる．

点推定においては，よい性質をもった推定量を構成することが重要になる．推定のよさは，推定量の確率変数としての性質で議論することができる．推定の望ましい性質としては (1) **一致性**, (2) **不偏性**, (3) **最尤性**がある．以下これらについて考察しよう．

● **一致性**　推定量 $T = T(X_1, X_2, \cdots, X_n)$ が母数 θ の**一致推定量**であるとは，$k > 0$ の定数に対して

$$\lim_{n \to \infty} P(|T - \theta| < k) = 1 \tag{5.2}$$

が成り立つことで定義される．すなわちデータの数 n を増やして推定するとき，推定したい母数に確率の意味で近付いていく性質である．この性質は基本的なものであり，多くの推定量がこの性質をもっている．例えば，標本平均 $\overline{X}$ は母平均 $\mu = E(X_i)$ の一致推定量である．これは**チェビシェフの不等式**と呼ばれる次の不等式と式 (5.1) を使って示せる．

定理 5.1　（チェビシェフの不等式）　平均 $\mu = E(X)$, 分散 $\sigma^2 = V(X)$ が存在する確率変数 X と定数 $k > 0$ に対して

$$P(|X - \mu| \geq k) \leq \frac{\sigma^2}{k^2}$$

証明　X が密度関数 $f(x)$ をもつ連続型の確率変数のときを証明する．離散型の場合も同じようにして示せる．$(x - \mu)^2 f(x) \geq 0$ だから

$$\begin{aligned}
\sigma^2 &= \int_{-\infty}^{\infty} (x - \mu)^2 f(x) dx \\
&= \int_{|x-\mu| \geq k} (x - \mu)^2 f(x) dx + \int_{|x-\mu| < k} (x - \mu)^2 f(x) dx \\
&\geq \int_{|x-\mu| \geq k} (x - \mu)^2 f(x) dx \\
&\geq k^2 \int_{|x-\mu| \geq k} f(x) dx \\
&= k^2 P(|X - \mu| \geq k)
\end{aligned}$$

両辺を k^2 で割れば求める不等式である．∎

5.1 点推定

この不等式を使うと $k > 0$ に対して式 (5.1) より

$$0 \leq \lim_{n \to \infty} P(|\overline{X} - \mu| \geq k) \leq \lim_{n \to \infty} \frac{V(\overline{X})}{k^2} = \lim_{n \to \infty} \frac{\sigma^2}{nk^2} = 0$$

したがって余事象を考えると

$$\lim_{n \to \infty} P(|\overline{X} - \mu| < k) = \lim_{n \to \infty} \left(1 - P(|\overline{X} - \mu| \geq k)\right) = 1$$

よって式 (5.2) より $\overline{X}$ は μ の一致推定量である．これは**大数の法則**として知られており，標本平均は母平均に確率の意味で収束することを意味する．大数の法則は確率論の分野では主要な研究テーマであり，さまざまな研究成果が得られている．また確率変数の収束について，いろいろ研究されて，多くの推定量が一致性をもつことが示されている．詳しくは巻末の本を参照されたい．

● **不偏性** 推定量 $T = T(X_1, X_2, \cdots, X_n)$ が母数 θ の**不偏推定量**であるとは，T の期待値が推定したい母数 θ に一致することである．すなわち

$$E(T) = \theta$$

が成り立つ．式 (5.1) より $\overline{X}$ は母平均 μ の不偏推定量である．ここで $n = 5$ の場合に，次の推定量 X^* を考える．

$$X^* = \frac{1}{10}X_1 + \frac{1}{5}X_2 + \frac{2}{5}X_3 + \frac{1}{5}X_4 + \frac{1}{10}X_5$$

このとき

$$E(X^*) = \frac{1}{10}\mu + \frac{1}{5}\mu + \frac{2}{5}\mu + \frac{1}{5}\mu + \frac{1}{10}\mu = \mu$$

だから，X^* は母平均 μ の不偏推定量であり，定理 3.3 の (4) (iii) から

$$V(X^*) = \frac{1}{100}V(X_1) + \frac{1}{25}V(X_2) + \frac{4}{25}V(X_3) + \frac{1}{25}V(X_4) + \frac{1}{100}V(X_5)$$

$$= \frac{13}{50}\sigma^2$$

よって $V(\overline{X}) = \sigma^2/5 < V(X^*)$ となる．分散は平均の周りのバラツキの度合いを表す指標であったから，同じ不偏推定量の中では分散の小さい方がよい推定量である．したがって $\overline{X}$ の方が X^* よりもよい推定量と判断される．

次に母分散 σ^2 の不偏推定量を構成する．最初に母平均 μ が分かっているときを考えてみよう．このときは $Y_1 = (X_1 - \mu)^2$, $Y_2 = (X_2 - \mu)^2$, $\cdots$, $Y_n = (X_n - \mu)^2$ とおくと，$Y_1, Y_2, \cdots, Y_n$ は互いに独立で同じ分布にしたがい，$E(Y_i) = \sigma^2$ だから

$$\frac{1}{n}\sum_{i=1}^n Y_i = \frac{1}{n}\sum_{i=1}^n (X_i - \mu)^2$$

が母分散 σ^2 の不偏推定量になる．母平均 μ が未知のときは，μ の項に標本平均 $\overline{X}$ を代入したものが推定量として考えられる．しかしその推定量は不偏ではない．不偏推定量は係数を調節した次の**不偏標本分散**で与えられる．

定理 5.2 不偏標本分散

$$V = \frac{1}{n-1}\sum_{i=1}^n (X_i - \overline{X})^2$$

は母分散 σ^2 の不偏推定量である．

証明 期待値の線形性 (3.3) より

$$E(V) = \frac{1}{n-1}\sum_{i=1}^n E\left[(X_i - \overline{X})^2\right]$$

ここで

$$E\left[(X_i - \overline{X})^2\right] = E\left[\{X_i - \mu - (\overline{X} - \mu)\}^2\right]$$
$$= E\left[(X_i - \mu)^2\right] - 2E\left[(X_i - \mu)(\overline{X} - \mu)\right] + E\left[(\overline{X} - \mu)^2\right]$$

さらに $E(\overline{X}) = \mu$ と式 (5.1) より

$$E\left[(\overline{X} - \mu)^2\right] = V(\overline{X}) = \frac{\sigma^2}{n}$$

また $X_i - \mu$ と $X_j - \mu$ は $i \neq j$ のとき独立だから，定理 3.3 の (4) (i) より

$$E\left[(X_i - \mu)(\overline{X} - \mu)\right] = E\left[(X_i - \mu)\frac{1}{n}\sum_{j=1}^n (X_j - \mu)\right]$$
$$= \frac{1}{n}\sum_{j=1}^n E\left[(X_i - \mu)(X_j - \mu)\right]$$

$$= \frac{1}{n}\Big\{E\left[(X_i-\mu)^2\right] + \sum_{j\neq i} E[(X_i-\mu)]E[(X_j-\mu)]\Big\} = \frac{\sigma^2}{n}$$

よって $E\left[(X_i-\overline{X})^2\right] = (n-1)\sigma^2/n$ だから V は σ^2 の不偏推定量である. ∎

またこの不偏標本分散は，一致推定量になることが示されている.

共分散 $\mathrm{Cov}(X,Y)$ の不偏推定量である**不偏標本共分散**も同じように構成することができる．$(X_1,Y_1),(X_2,Y_2),\cdots,(X_n,Y_n)$ を，共分散 $\mathrm{Cov}(X,Y)$ をもつ 2 次元母集団分布からの無作為標本とする．このとき次の定理が成り立つ．

定理 5.3 不偏標本共分散

$$\frac{1}{n-1}\sum_{i=1}^{n}(X_i-\overline{X})(Y_i-\overline{Y})$$

は共分散 $\mathrm{Cov}(X,Y)$ の不偏推定量である．

ただし $\overline{X} = \sum_{i=1}^{n}\frac{X_i}{n},\ \overline{Y} = \sum_{i=1}^{n}\frac{Y_i}{n}$ である．

証明 定理 5.2 と同様にして

$$E\left[(X_i-\overline{X})(Y_i-\overline{Y})\right] = \frac{n-1}{n}\mathrm{Cov}(X,Y)$$

が成り立つことを証明する．$\mu_x = E(X),\ \mu_y = E(Y)$ とおくと

$$\begin{aligned}
E\left[(X_i-\overline{X})(Y_i-\overline{Y})\right] &= E\left[\{X_i-\mu_x-(\overline{X}-\mu_x)\}\{Y_i-\mu_y-(\overline{Y}-\mu_y)\}\right] \\
&= E\left[(X_i-\mu_x)(Y_i-\mu_y)\right] - E\left[(\overline{X}-\mu_x)(Y_i-\mu_y)\right] \\
&\quad - E\left[(X_i-\mu_x)(\overline{Y}-\mu_y)\right] + E\left[(\overline{X}-\mu_x)(\overline{Y}-\mu_y)\right]
\end{aligned}$$

不偏標本分散のときと同様にして

$$E\left[(\overline{X}-\mu_x)(Y_i-\mu_y)\right] = E\left[(X_i-\mu_x)(\overline{Y}-\mu_y)\right] = \frac{1}{n}\mathrm{Cov}(X,Y)$$

さらに

$$E\left[(\overline{X}-\mu_x)(\overline{Y}-\mu_y)\right] = \frac{1}{n^2}\sum_{i=1}^{n}\sum_{j=1}^{n}E\left[(X_i-\mu_x)(Y_j-\mu_y)\right]$$

$$= \frac{1}{n^2} \sum_{i=1}^{n} E\bigl[(X_i - \mu_x)(Y_i - \mu_y)\bigr] = \frac{1}{n} \mathrm{Cov}(X, Y)$$

したがって不偏標本共分散は共分散 $\mathrm{Cov}(X, Y)$ の不偏推定量である． ∎

● **最尤性** $X_1, X_2, \cdots, X_n$ を連続型の分布からの無作為標本とし，この分布の母数 θ に依存する確率密度関数を $f_\theta(x)$ とする．得られたデータ $x_1, x_2, \cdots, x_n$ は $X_1, X_2, \cdots, X_n$ の実現値で与えられて止まっているとする．このとき θ の関数

$$L(\theta) = f_\theta(x_1) f_\theta(x_2) \cdots f_\theta(x_n) = \prod_{i=1}^{n} f_\theta(x_i)$$

を考える．$L(\theta)$ は $x_1, x_2, \cdots, x_n$ の関数とみると，同時確率密度関数である．θ の関数とみるときは，$L(\theta)$ を**尤度関数**（ゆうど）と呼ぶ．この尤度関数を最大にする $\widehat{\theta}$（θ ハットと読む）を θ の推定値とする．すなわち

$$L(\widehat{\theta}) = \max_{\theta} L(\theta)$$

となる $\widehat{\theta}$ を θ とみなす．これを**最尤法**（さいゆう）と呼び，推定された値を**最尤推定値**という．実際に求めるときは，**対数尤度関数**

$$l(\theta) = \log L(\theta)$$

（log は自然対数，すなわち底は e）を考えれば便利である．対数 $\log(\cdot)$ は単調増加な関数だから，$L(\theta)$ と $l(\theta)$ の最大値は同じ $\widehat{\theta}$ で与えられる．したがって

$$l(\widehat{\theta}) = \max_{\theta} l(\theta)$$

となる $\widehat{\theta}$ が求める最尤推定値となる．最尤推定値の実現値を確率変数に置き換えたものが**最尤推定量**である．離散型の場合には，分布を特徴付ける母数を θ とおくと，尤度関数は次のようになる．

$$L(\theta) = \prod_{i=1}^{n} P_\theta(X_i = x_i)$$

この場合，最尤法は得られたデータを止めたときに，その値を得る確率を最大にするように母数を推定する方法であると解釈できる．この推定法は，これまでに多くの統計学者が研究してきて，よい推定法であることが示されている．

例題 5.1

$X_1, X_2, \cdots, X_n$ をポアソン母集団 $Po(\lambda)$ からの無作為標本とする. このとき λ の最尤推定量は標本平均 $\overline{X}$ であることを示せ.

解 $x_1, x_2, \cdots, x_n$ を実現値とするとポアソン分布が母集団分布だから

$$P_\lambda(X_i = x_i) = e^{-\lambda} \frac{\lambda^{x_i}}{x_i!}$$

である. よって尤度関数は

$$L(\lambda) = \prod_{i=1}^{n} P_\lambda(X_i = x_i)$$

となり

$$\log P_\lambda(X_i = x_i) = -\lambda + x_i \log \lambda - \log(x_i!)$$

だから, 対数尤度関数は

$$l(\lambda) = \log L(\lambda) = -n\lambda + \log \lambda \sum_{i=1}^{n} x_i - \sum_{i=1}^{n} \log(x_i!)$$

となる. ここで $0 \leq x_i$ であることに注意する. 両辺を λ で微分して, 方程式

$$\frac{dl(\lambda)}{d\lambda} = -n + \frac{1}{\lambda} \sum_{i=1}^{n} x_i = 0$$

を解くと, $\lambda = \overline{x}$ で極値をとる. 関数の増減を調べると, $\lambda = \overline{x}$ のとき最大値をとることが分かる. したがって λ の最尤推定値は $\overline{x}$ となる. すなわち最尤推定量は標本平均 $\overline{X}$ である.

未知の母数がいくつかある場合の最尤推定量も同じようにして求めることができる. 例えば母平均, 母分散の両方が未知のときの正規母集団を考えてみよう.

例 1 $X_1, X_2, \cdots, X_n$ を正規母集団 $N(\mu, \sigma^2)$ からの無作為標本とする. 混乱を避けるために $\tau = \sigma^2$ とおく. このとき 例題 5.1 と同じように対数尤度関数は

$$l(\mu,\tau) = -\frac{n}{2}\log(2\pi\tau) - \frac{1}{2\tau}\sum_{i=1}^{n}(x_i-\mu)^2$$

となる．この2変数関数の最大値は1変数のときと同様に，連立方程式

$$\frac{\partial l(\mu,\tau)}{\partial \mu} = \frac{1}{\tau}\sum_{i=1}^{n}(x_i-\mu) = 0$$

$$\frac{\partial l(\mu,\tau)}{\partial \tau} = -\frac{n}{2\tau} + \frac{1}{2\tau^2}\sum_{i=1}^{n}(x_i-\mu)^2 = 0$$

の解で与えられることが分かる．最初の式より $\mu=\overline{x}$ となり，2番目の式に代入して $\tau = \sum_{i=1}^{n}(x_i-\overline{x})^2/n$ が求める解である．

$$\mu \to \pm\infty \text{ かつ } \tau \to 0, \infty \text{ のとき } l(\mu,\tau) \to -\infty$$

だから関数の増減を調べると

$$\mu = \overline{x}, \quad \tau = \sum_{i=1}^{n}\frac{(x_i-\overline{x})^2}{n}$$

で最大値をとることが分かる．すなわち平均 μ および分散 τ の最尤推定値は，$\overline{x}$ と $\sum_{i=1}^{n}(x_i-\overline{x})^2/n$ となる．したがって正規母集団のときの最尤推定量は

$$\widehat{\mu} = \overline{X}, \quad \widehat{\sigma}^2 = \frac{1}{n}\sum_{i=1}^{n}(X_i-\overline{X})^2$$

である．

標本平均は一致性，不偏性，正規分布のときの最尤性をもっている．他方，分散の推定量としては不偏標本分散と上記の最尤推定量（これも標本分散と呼ばれる）があり，係数の違いだけであるが，使うときに注意が必要である．

5.2 区間推定

● **区間推定**　前節で学んだ点推定は，データを1点に要約してその値を母数であると推定する方法であった．しかし推定値と母数がピッタリ一致することはほとんどあり得ないし，実際には推定値の周りに母数がある．これを考慮した推測の方法が**区間推定**である．区間推定は「確率的に評価した一定の幅をもつ区間を作り，その中に母数があると推定する」方式である．

$X_1, X_2, \cdots, X_n$ を母集団分布 $F_\theta(x)$ からの無作為標本とする．このとき未知の母数に依存しない $X_1, X_2, \cdots, X_n$ の関数である 2 つの**統計量** $T_1 = T_1(X_1, X_2, \cdots, X_n), T_2 = T_2(X_1, X_2, \cdots, X_n)\, (T_1 \leqq T_2)$ を

$$1 - \alpha = P(T_1 \leqq \theta \leqq T_2)$$

を満たすように作る．ただし $0 < \alpha < 1$ は前もって与えられる定数で，通常 $\alpha = 0.05$ または 0.01 である．実際に得られたデータの値 $x_1, x_2, \cdots, x_n$ に対して，T_1, T_2 の実現値 $t_1 = T_1(x_1, x_2, \cdots, x_n), t_2 = T_2(x_1, x_2, \cdots, x_n)$ を求めて母数 θ は区間 $[t_1, t_2]$ の中にある．すなわち $t_1 \leqq \theta \leqq t_2$ と推測する．このとき区間 $[t_1, t_2]$ を母数 θ の**信頼係数**（あるいは**信頼率**，**信頼度**）$1 - \alpha$ の**信頼区間**と呼ぶ．また t_1 を**下側信頼限界** t_2 を**上側信頼限界**と呼ぶ．信頼区間をこのようにして構成したとき，信頼係数 $0.95 = 95\%\, (\alpha = 0.05)$ の信頼区間は 100 回のうち 95 回ぐらいは正しく母数 θ を含むことが期待される．

■ 5.3　正規母集団の区間推定

$X_1, X_2, \cdots, X_n$ を正規母集団 $N(\mu, \sigma^2)$ からの無作為標本とする．実現値を $x_1, x_2, \cdots, x_n$ とするとき，母平均と母分散の信頼区間を構成しよう．

● **母平均の信頼区間**　まず母分散 σ^2 が既知のときを考える．正規分布の再生性（定理 2.2）より標本平均

$$\overline{X} = \frac{1}{n}(X_1 + X_2 + \cdots + X_n) = \frac{1}{n}\sum_{i=1}^{n} X_i$$

のしたがう分布は $N(\mu, \frac{\sigma^2}{n})$ となる．したがって $(\overline{X} - \mu)/\sqrt{\frac{\sigma^2}{n}}$ は標準正規分布 $N(0, 1)$ にしたがう．Z を標準正規分布にしたがう確率変数で $z_{\alpha/2}$ を標準正規分布の上側 $\frac{\alpha}{2}$-点とするとき

$$1 - \alpha = P(-z_{\alpha/2} \leqq Z \leqq z_{\alpha/2})$$

$$= P\left(-z_{\alpha/2} \leqq \frac{\overline{X} - \mu}{\sqrt{\sigma^2/n}} \leqq z_{\alpha/2}\right)$$

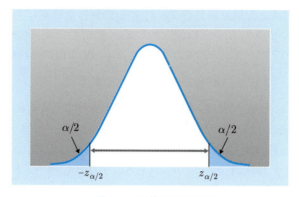

図 5.2 平均の信頼区間

である．確率の中の不等式を変形すると，次のようになる．

$$1 - \alpha = P\left(\overline{X} - z_{\alpha/2}\frac{\sigma}{\sqrt{n}} \leq \mu \leq \overline{X} + z_{\alpha/2}\frac{\sigma}{\sqrt{n}}\right)$$

したがって母分散 σ^2 が分かっているときは，実際に得られた値 $x_1, x_2, \cdots, x_n, \overline{x}$ に対して，母平均 μ の信頼係数 $1-\alpha$ の信頼区間は

$$\overline{x} - z_{\alpha/2}\frac{\sigma}{\sqrt{n}} \leq \mu \leq \overline{x} + z_{\alpha/2}\frac{\sigma}{\sqrt{n}} \tag{5.3}$$

で与えられる．式 (5.3) でも分かるように，データの数 n を増やすと信頼区間の幅は狭くなる．これはデータの数を増やせば増やすほどよい区間推定ができることを意味している．

スチューデントの t-分布

母平均の信頼区間の構成，あるいは仮説検定で非常に重要なスチューデントの t-分布は，Student という名前で学術雑誌に掲載された．Student は W. S. ゴセット (1876〜1937) のペンネームである．ゴセットはビール会社に勤めていたのであるが，会社から論文掲載のとき本名を使うことを禁じられたためにこのペンネームを使った．第 2 章 (p.44) で話題にしたフィッシャーとも交友があり，フィッシャーは彼の仕事に刺激を受け，正規母集団に基づく統計的推測に現れる統計量の正確な分布を精力的に研究し，多くの成果を収めた．しかし実験計画法に関しては，ゴセットとフィッシャーは対立し，それは終生続いた．

5.3 正規母集団の区間推定

> **例題 5.2**
>
> $X_1, X_2, \cdots, X_n$ を正規母集団 $N(\mu, 3^2)$ からの無作為標本とするとき,母平均 μ の信頼係数 95% の信頼区間の構成を考える.信頼区間の幅を 2 以下になるように構成したいときはデータの数 n をいくら以上にすればよいか.

解 式 (5.3) より区間の幅は $2 \times z_{0.025} \times \frac{\sigma}{\sqrt{n}}$ であるから,$z_{0.025} = 1.96, \sigma = 3$ を代入して

$$2 \times 1.96 \times \frac{3}{\sqrt{n}} \leq 2, \quad (5.88)^2 \leq n, \quad 35 \leq n$$

■

一般的には母分散が分かっている場合は少なく,未知の場合が多い.このときには母分散の不偏推定量 $V = \sum_{i=1}^{n}(X_i - \overline{X})^2/(n-1)$ を σ^2 の代わりに使う.t-分布の導出法と 定理 2.3 より

$$\frac{\overline{X} - \mu}{\sqrt{V/n}}$$

は自由度 $n-1$ の t-分布にしたがうことが分かる.よって $t(n-1; \frac{\alpha}{2})$ を t-分布の上側 $\frac{\alpha}{2}$-点とすると,母分散が既知のときと同じように

$$1 - \alpha = P\left(-t\left(n-1; \frac{\alpha}{2}\right) \leq \frac{\overline{X} - \mu}{\sqrt{V/n}} \leq t\left(n-1; \frac{\alpha}{2}\right)\right)$$

$$= P\left(\overline{X} - t\left(n-1; \frac{\alpha}{2}\right)\sqrt{\frac{V}{n}} \leq \mu \leq \overline{X} + t\left(n-1; \frac{\alpha}{2}\right)\sqrt{\frac{V}{n}}\right)$$

したがって実現値 $x_1, x_2, \cdots, x_n, \overline{x}, v$ に対して,母平均 μ の信頼係数 $1 - \alpha$ の信頼区間は

$$\overline{x} - t\left(n-1; \frac{\alpha}{2}\right)\sqrt{\frac{v}{n}} \leq \mu \leq \overline{x} + t\left(n-1; \frac{\alpha}{2}\right)\sqrt{\frac{v}{n}} \tag{5.4}$$

となる.この信頼区間は母分散が分かっているときの式 (5.3) において,標準正規分布の上側 $\frac{\alpha}{2}$-点の代わりに t-分布の上側 $\frac{\alpha}{2}$-点を使い,母分散を推定値 v で置き換えたものになっている.

> **例題 5.3**
>
> 次のデータは 5 歳の女の子 10 人の身長を計ったものである．このデータに基づいて，母平均の信頼係数 95% の信頼区間を求めよ．また信頼係数 99% の信頼区間も求めよ．
>
> 111.2, 110.6, 111.2, 103.3, 102.9, 108.5, 108.7, 103.2, 100.8, 108.9

解 データより

$$\overline{x} = \frac{1}{10}\sum_{i=1}^{10} x_i = 106.93$$

$$v = \frac{1}{10-1}\sum_{i=1}^{10}(x_i - \overline{x})^2 = \frac{1}{9}\left\{\sum_{i=1}^{10} x_i^2 - \frac{\left(\sum_{i=1}^{10} x_i\right)^2}{10}\right\} = 15.59$$

付表 3 より $t(9; 0.025) = 2.262$ であるから，式 (5.4) より信頼係数 95% の信頼区間は

$$106.93 - 2.262 \times \sqrt{\frac{15.59}{10}} \leqq \mu \leqq 106.93 + 2.262 \times \sqrt{\frac{15.59}{10}}$$

$$104.11 \leqq \mu \leqq 109.75$$

また付表 3 より $t(9; 0.005) = 3.250$ であるから，99% の信頼区間は

$$106.93 - 3.250 \times \sqrt{\frac{15.59}{10}} \leqq \mu \leqq 106.93 + 3.250 \times \sqrt{\frac{15.59}{10}}$$

$$102.87 \leqq \mu \leqq 110.99$$

　上の例題で分かるように，信頼係数を大きくすると区間の幅は広くなり，逆に区間の幅を狭くすると信頼係数は小さくなる．これはすべての信頼区間に共通の性質で，実際の信頼区間の構成では，両方のバランスをとる必要がある．

5.3 正規母集団の区間推定

● **母分散の信頼区間** 母平均が未知のときの信頼区間を考える．もし母平均が分かっているときは，自由度を1つ上げることができるが，あまり実用的ではないのでここでは省略する．分散の推定量をもとにして信頼区間を作るのであるが，χ^2-分布の導出法から平方和

$$S = \sum_{i=1}^{n} (X_i - \overline{X})^2$$

を使って構成する．正規分布の性質（定理 2.3）より $\frac{S}{\sigma^2}$ は自由度 $n-1$ の χ^2-分布にしたがう．χ^2-分布は原点対称な分布ではないので，$\chi^2(n-1; 1-\frac{\alpha}{2})$，$\chi^2(n-1; \frac{\alpha}{2})$ をそれぞれ χ^2-分布の上側 $(1-\frac{\alpha}{2})$-点，上側 $\frac{\alpha}{2}$-点とすると

$$1 - \alpha = P\left(\chi^2\left(n-1; 1-\frac{\alpha}{2}\right) \leqq \frac{S}{\sigma^2} \leqq \chi^2\left(n-1; \frac{\alpha}{2}\right)\right)$$

$$= P\left(\frac{S}{\chi^2(n-1; \frac{\alpha}{2})} \leqq \sigma^2 \leqq \frac{S}{\chi^2(n-1; 1-\frac{\alpha}{2})}\right)$$

したがって実現値 s に対して，母分散 σ^2 の信頼係数 $1-\alpha$ の信頼区間は

$$\frac{s}{\chi^2(n-1; \frac{\alpha}{2})} \leqq \sigma^2 \leqq \frac{s}{\chi^2(n-1; 1-\frac{\alpha}{2})} \tag{5.5}$$

で与えられる．

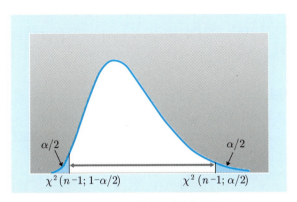

図 **5.3** 分散の信頼区間

> **例題 5.4**
>
> ある鉱石の有効成分（％）のバラツキを調べるために，ランダムに12個の鉱石を取り出してその有効成分を測定したところ次のデータが得られた．母分散の信頼係数 95％ の信頼区間を作れ．
>
> 7.3, 8.2, 7.7, 6.7, 9.4, 5.3, 8.8, 4.7, 11.5, 6.4, 6.9, 10.7 （％）

解 データより

$$s = \sum_{i=1}^{12} x_i^2 - \frac{\left(\sum_{i=1}^{12} x_i\right)^2}{12} = 45.92$$

付表 4 より

$$\chi^2(11; 0.975) = 3.816, \quad \chi^2(11; 0.025) = 21.92$$

であるから，式 (5.5) より信頼係数 95％ の信頼区間は

$$\frac{s}{\chi^2(11; 0.025)} \leqq \sigma^2 \leqq \frac{s}{\chi^2(11; 0.975)}$$
$$2.09 \leqq \sigma^2 \leqq 12.03$$

母平均のときに比べて，データの2乗を使うために母分散の信頼区間は幅が広くなる傾向がある．この例題のように，場合によっては信頼限界のケタが違うこともある．したがって分散の推定のときにはなるべく標本数を大きくするよう心掛けるべきである．

● **片側信頼区間** 母数について事前に何も情報がないときは，前節で述べた下側および上側信頼限界を決める**両側信頼区間**を作るのが普通である．しかし場合によっては片方だけでよいこともある．このときは**片側信頼区間**を次のように作ることができる．

$$1 - \alpha = P\Big(\theta \leqq S_1(X_1, X_2, \cdots, X_n)\Big)$$
$$1 - \alpha = P\Big(S_2(X_1, X_2, \cdots, X_n) \leqq \theta\Big)$$

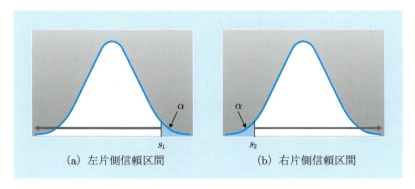

図 5.4 左片側信頼区間と右片側信頼区間

なる統計量 S_1, S_2 を作り，その実現値 s_1, s_2 に対して母数 θ の信頼係数 $1-\alpha$ の信頼区間はそれぞれ

$$\text{左片側信頼区間：} \quad -\infty < \theta \leqq s_1$$

と

$$\text{右片側信頼区間：} \quad s_2 \leqq \theta < \infty$$

で与えられる．母分散が未知の正規母集団からの無作為標本に基づく，母平均のそれぞれの片側信頼区間は

$$-\infty < \mu \leqq \overline{x} + t(n-1;\alpha)\sqrt{\frac{v}{n}}$$

$$\overline{x} - t(n-1;\alpha)\sqrt{\frac{v}{n}} \leqq \mu < \infty$$

で与えられる．母分散の信頼区間も同様である．

● **母平均の差の区間推定** $X_1, X_2, \cdots, X_m$ を正規母集団 $N(\mu_1, \sigma_1^2)$ からの無作為標本，$Y_1, Y_2, \cdots, Y_n$ を正規母集団 $N(\mu_2, \sigma_2^2)$ からの無作為標本とする．このとき母平均の差 $\mu_1 - \mu_2$ の推定は，重要な問題である．点推定としては，それぞれの標本平均を代入して $\overline{X} - \overline{Y}$ がよい推定量となる．区間推定は，第6章の検定のときに学習するように，2つの母分散 σ_1^2, σ_2^2 が既知かどうか，また等しいかどうかで異なる．

5.4　発展：比率の推定

製品に含まれる不良品の割合（不良率），内閣支持率など比率を推定することを考えてみよう．1回の試行で事象 A が起こったときに 1 の値をとり，起こらなかったときに 0 の値をとる確率変数を考え，この試行を独立に n 回繰り返す．第 i 回目の確率変数を

$$X_i = \begin{cases} 1 & (i\text{ 回目に事象 }A\text{ が起こった}) \\ 0 & (i\text{ 回目に事象 }A\text{ が起こらなかった}) \end{cases}$$

とおく．このとき A の起こる比率 $p = P(A)$ の推定を考える．$E(X_i) = P(A) = p$ だから $X = \sum_{i=1}^{n} X_i$ とおくと，標本平均に相当する X/n が不偏推定量となる．他方，区間推定を構成するためには，統計量の分布が必要になる．二項分布の導出法より，X は二項分布 $B(n, p)$ にしたがうから，二項分布の上側 α-点が求まれば信頼区間を構成することができる．しかし二項分布は離散型の分布なので，分布関数は連続ではなく，ピッタリ α となるような上側 α-点は一般には決めることができない．また世論調査のように標本数 n が数千の値をとると，階乗の計算が非常に煩雑になる．

中心極限定理のところで述べたように，標本数が大きいとき，二項分布は正規分布で近似できる．これを使うと Z を標準正規分布 $N(0,1)$ にしたがう確率変数とするとき

$$1 - \alpha = P(-z_{\alpha/2} \leq Z \leq z_{\alpha/2})$$
$$\approx P\left(-z_{\alpha/2} \leq \frac{X - np}{\sqrt{np(1-p)}} \leq z_{\alpha/2}\right)$$

よって実現値 $x_1, x_2, \cdots, x_n$, $x = \sum_{i=1}^{n} x_i$ に対して確率の中の式を変形して

$$\frac{x}{n} - z_{\alpha/2}\sqrt{\frac{p(1-p)}{n}} \leq p \leq \frac{x}{n} + z_{\alpha/2}\sqrt{\frac{p(1-p)}{n}}$$

となる．ここで $\bar{p} = x/n$ とおき，平方根の p に代入して，比率 p の信頼係数 $1 - \alpha$ の両側近似信頼区間が次のように与えられる．

$$\frac{x}{n} - z_{\alpha/2}\sqrt{\frac{\bar{p}(1-\bar{p})}{n}} \leq p \leq \frac{x}{n} + z_{\alpha/2}\sqrt{\frac{\bar{p}(1-\bar{p})}{n}} \tag{5.6}$$

例題 5.5

ある製造工程で作られる製品の品質管理のために，200個の製品をランダムに取り出して検査したところ，9個の不良品がみつかった．この製造工程の不良率 p の信頼係数95％の信頼区間を求めよ．

解　データより
$$\bar{p} = \frac{x}{n} = \frac{9}{200} = 0.045$$
$$z_{0.025} = 1.96$$

だから，式 (5.6) より

$$0.045 - 1.96\sqrt{\frac{0.045(1-0.045)}{200}} \leqq p \leqq 0.045 + 1.96\sqrt{\frac{0.045(1-0.045)}{200}}$$
$$0.016 \leqq p \leqq 0.074$$

演 習 問 題

5.1 X を正規分布 $N(0,1)$ にしたがう確率変数とする．付表1を使って $P(|X| \geqq 1.96)$ を求め，チェビシェフの不等式による確率の上限と比較せよ．

5.2 母平均 μ が既知のときに，標本分散 $\frac{1}{n}\sum_{i=1}^{n}(X_i - \mu)^2$ は母分散 σ^2 の一致推定量であることを示せ．ただし $V\left[(X_i - \mu)^2\right]$ は存在するとする．

5.3 X が二項分布 $B(n,p)$ にしたがうとき，$\frac{X}{n}$ は p の不偏推定量であることを示せ．

5.4 $X_1, X_2, \cdots, X_n$ を確率密度関数（指数分布）
$$f_\theta(x) = \begin{cases} \theta e^{-\theta x} & (x \geqq 0) \\ 0 & (x < 0) \end{cases}$$
（ただし $\theta > 0$）をもつ母集団からの無作為標本とするとき，母数 θ の最尤推定量を求めよ．

5.5 $X_1, X_2, \cdots, X_n$ を正規母集団 $N(\mu, 1)$ からの無作為標本とする．このとき母平均 μ の信頼係数 95％ の両側信頼区間の幅を 1.0 にしたい．標本数 n をいくら以上にすればよいか．

第6章

統計的仮説検定

統計的仮説検定は，得られたデータをもとに，データがしたがっている母集団分布についての疑わしい仮説を確率的に判断する方法である．道具としては区間推定と同じものを使う．本章では，正規母集団の場合を主に考え，2つ以上の母集団分布についても扱う．

◆キーワード◆　統計的仮説検定，帰無仮説，対立仮説，有意水準，検出力，分散分析，適合度検定

■ 6.1　母平均の検定

まず次の例を考えよう．

例1　あるスーパーで販売している小豆は，内容量 200 g と表示されている．しかし最近になって，内容量が少なくなっているのではないかという疑いが出てきた．そこで納入された商品から，ランダムに 15 個を選び出してその内容量を測定してみた結果，次のデータが得られた．

$$201.6,\ 192.6,\ 197.4,\ 189.1,\ 190.8,\ 195.2,\ 195.2,\ 195.2,$$
$$183.7,\ 207.2,\ 195.7,\ 206.4,\ 200.5,\ 203.5,\ 197.3$$

直観的には 200 g を超えているものは 5 つしかなく，少ないと思われる．しかしこのデータを示しただけでは，「たまたまこういうデータが得られただけである」と反論されるかもしれない．合理的に少なくなったと主張するにはどうしたらよいであろうか．

6.1 母平均の検定

ここでデータを正規母集団 $N(\mu, 5^2)$ からの無作為標本 $X_1, X_2, \cdots, X_{15}$ の実現値と考えてみよう。このとき正規分布の再生性(定理 2.2)より標本平均は

$$\overline{X} = \frac{1}{15}\sum_{i=1}^{15} X_i \sim N\left(\mu, \frac{25}{15}\right)$$

である。また標本平均の実現値は

$$\begin{aligned}\overline{x} &= \frac{1}{15}\sum_{i=1}^{15} x_i \\ &= \frac{1}{15}(201.6 + 192.6 + \cdots + 197.3) = 196.76\end{aligned}$$

となる。母平均が $\mu = 200$ のとき標本平均がこの実現値より小さくなる確率を求めてみよう。標準正規分布表(付表 1)より

$$\begin{aligned}P(\overline{X} \leqq 196.76) &= P\left(\frac{\overline{X} - 200}{\sqrt{25/15}} \leqq \frac{196.76 - 200}{\sqrt{25/15}}\right) \\ &= P(Z \leqq -2.51) = P(2.51 \leqq Z) \\ &= 0.006\end{aligned}$$

ここで Z は標準正規分布 $N(0,1)$ にしたがう確率変数である。この確率は母平均が 200 であるとすれば,データは非常にまれなこと(1000 回のうち 6 回ぐらい)が起こっていることを示している。これは母平均が変化して少なくなったと解釈するのが自然であろう。

これを一般化して考えてみよう。$X_1, X_2, \cdots, X_n$ を,正規母集団 $N(\mu, \sigma^2)$ からの無作為標本とし,母平均に関する疑わしい仮説 $H_0 : \mu = \mu_0$ (μ_0 は既知の定数)を検証する。このときデータの実現値 $\overline{x}$ を求め,確率

$$P\left(\frac{\sqrt{n}(\overline{X} - \mu_0)}{\sigma} \leqq \frac{\sqrt{n}(\overline{x} - \mu_0)}{\sigma}\right) = P\left(Z \leqq \frac{\sqrt{n}(\overline{x} - \mu_0)}{\sigma}\right)$$

を求める。この場合母分散 σ^2 が分かっていると確率を求めることができる。この確率が小さいときに仮説 H_0 は間違っていると判断する。この確率を**有意確率**

と呼ぶ．これが**統計的仮説検定**である．このとき有意確率がどれぐらい小さければ，仮説 H_0 は間違いであると判断するかが問題になる．そこで通常の仮説検定では，**有意水準**と呼ばれる水準 0.05 (5%) または 0.01 (1%) をあらかじめ決めておき，有意確率がこの有意水準より小さければ仮説 H_0 を間違いと判断する．5% あるいは 1% はこれまでの習慣で，コンピュータのソフト等でも定着している．5% で H_0 が棄却されたとき，仮説 H_0 は**有意**であると呼び，1% で棄却されたときは仮説 H_0 は**高度に有意**であると呼ぶこともある．

仮説 H_0 を否定したい仮説ということで，**帰無仮説**と呼ぶ．帰無仮説が棄却されたときに採択する仮説を**対立仮説**と呼び，今の場合は $H_1: \mu < \mu_0$ である．対立仮説としては，ほかに $H_1: \mu > \mu_0$ も考えられる．この 2 つのような，帰無仮説より大きい方あるいは小さい方の片方だけの対立仮説を考える検定を，**片側検定**という．これに対して両方を含む対立仮説 $H_1: \mu \neq \mu_0$ に対する検定を，**両側検定**と呼ぶ．

● **母分散が既知**　$X_1, X_2, \cdots, X_n$ が正規母集団 $N(\mu, \sigma^2)$ からの無作為標本で，母分散 σ^2 が分かっているときの帰無仮説 $H_0: \mu = \mu_0$ (μ_0 は既知の定数) の検定を考えてみよう．有意水準を α (通常 α は 0.05 または 0.01)，$z_\alpha, z_{\alpha/2}$ をそれぞれ標準正規分布の上側 α-点，$\frac{\alpha}{2}$-点とする．さらに**検定統計量**（検定に使われる統計量）を

$$U_0 = \frac{\overline{X} - \mu_0}{\sqrt{\sigma^2/n}} = \frac{\sqrt{n}(\overline{X} - \mu_0)}{\sigma}$$

とおく．H_0 が正しいとき U_0 は標準正規分布 $N(0,1)$ にしたがう．対立仮説 $H_1: \mu > \mu_0$ を考えると，対立仮説が正しいときは U_0 は大きな値をとる確率が大となる．よって実現値を $\overline{x}$，$u_0 = \sqrt{n}(\overline{x} - \mu_0)/\sigma$ とすると

$$P(U_0 \geqq u_0) \leqq \alpha \iff u_0 \geqq z_\alpha$$

の関係がある．同様に

$$\begin{cases} \text{対立仮説} & H_1: \mu < \mu_0 \text{ のとき} \quad u_0 \leqq -z_\alpha \\ \text{両側対立仮説} & H_1: \mu \neq \mu_0 \text{ のとき} \quad |u_0| \geqq z_{\alpha/2} \end{cases}$$

が成り立つとき，それぞれ有意確率は α 以下となる．したがって

(i) 対立仮説が $H_1 : \mu > \mu_0$ の検定は,U_0 の実現値 $u_0 = \sqrt{n}(\overline{x}-\mu_0)/\sigma$ に対して

$u_0 \geqq z_\alpha$ のとき有意水準 α で帰無仮説 H_0 を棄却し,

$u_0 < z_\alpha$ のとき有意水準 α で H_0 を棄却しない

(ii) 対立仮説が $H_1 : \mu < \mu_0$ の検定は,

$u_0 \leqq -z_\alpha$ のとき有意水準 α で帰無仮説 H_0 を棄却し,

$u_0 > -z_\alpha$ のとき有意水準 α で H_0 を棄却しない

(iii) 対立仮説が $H_1 : \mu \neq \mu_0$ の検定は,

$|u_0| \geqq z_{\alpha/2}$ のとき有意水準 α で帰無仮説 H_0 を棄却し,

$|u_0| < z_{\alpha/2}$ のとき有意水準 α で H_0 を棄却しない

が検定となる.標本平均 $\overline{X}$ は母平均の推定量だから,H_0 が正しければ,U_0 は 0 に近い値をとる確率が大となる.このことからも,検定は妥当なものであることが分かる.正規分布のときは,これらが 1 番よい検定であることが知られている.

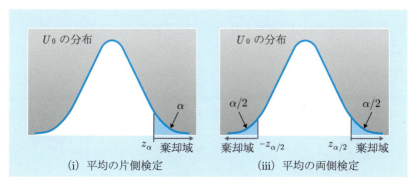

図 6.1 平均の片側検定と平均の両側検定

例2 例1の続き．帰無仮説 $H_0 : \mu = 200$ v.s. 対立仮説 $H_1 : \mu < 200$ の検定を有意水準 5% で行う．ただし母分散は $\sigma^2 = 25$ で分かっているものとする．このとき U_0 の実現値は 例1 より $u_0 = -2.51$, 付表2 より $z_{0.05} = 1.64$ だから

$$u_0 \leq -z_{0.05}$$

となり，有意水準 5% で帰無仮説 H_0 は棄却される．すなわち内容量は 200 g よりも軽くなったといえる． ∎

● **母分散が未知** 母分散が分かっているときには，正規分布表を使って検定を行うことができる．しかし母平均は未知で，母分散が既知という状況は特別な場合であり，一般には母分散は未知である．母分散が未知のとき帰無仮説 $H_0 : \mu = \mu_0$ の検定統計量として，U_0 の分散の項に不偏標本分散を代入した

$$T_0 = \frac{\sqrt{n}(\overline{X} - \mu_0)}{\sqrt{V}}$$

を使う．ただし

$$V = \frac{1}{n-1} \sum_{i=1}^{n} (X_i - \overline{X})^2$$

である．正規分布の性質（定理 2.3）より H_0 が正しいとき，T_0 は自由度 $n-1$ の t-分布にしたがう．$t(n-1; \alpha)$, $t(n-1; \frac{\alpha}{2})$ をそれぞれ自由度 $n-1$ の t-分布の上側 α-点，$\frac{\alpha}{2}$-点とすると，母分散が既知のときと同様に

(i) 対立仮説が $H_1 : \mu > \mu_0$ の検定は，T_0 の実現値 $t_0 = \sqrt{n}(\overline{x} - \mu_0)/\sqrt{v}$ に対して
　　$t_0 \geq t(n-1; \alpha)$ のとき有意水準 α で帰無仮説 H_0 を棄却
(ii) 対立仮説が $H_1 : \mu < \mu_0$ の検定は
　　$t_0 \leq -t(n-1; \alpha)$ のとき有意水準 α で帰無仮説 H_0 を棄却
(iii) 対立仮説が $H_1 : \mu \neq \mu_0$ の検定は
　　$|t_0| \geq t(n-1; \frac{\alpha}{2})$ のとき有意水準 α で帰無仮説 H_0 を棄却

が検定となる．

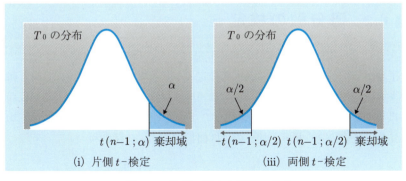

図 6.2 片側 t-検定と両側 t-検定

例題 6.1

ある製品の寸法はこれまで 20.0 mm であった．機械がかなり古くなっており，寸法がずれてきたのではないかという心配が出てきた．そこでランダムに製品を 10 個取り出して測定したところ，次のデータが得られた．寸法が変わったといえるか検定せよ．

21.63, 19.18, 19.55, 20.20, 21.76, 20.34, 22.78, 20.72, 19.85, 20.38

解 帰無仮説 $H_0 : \mu = 20.0$ v.s. 対立仮説 $H_1 : \mu \neq 20.0$ の両側検定を有意水準 5% で行う．データより標本平均および不偏標本分散の実現値は

$$\overline{x} = \frac{1}{10} \sum_{i=1}^{10} x_i = 20.639$$

$$v = \frac{1}{10-1} \sum_{i=1}^{10} (x_i - \overline{x})^2 = \frac{1}{9} \left\{ \sum_{i=1}^{10} x_i^2 - \frac{\left(\sum_{i=1}^{10} x_i\right)^2}{10} \right\} = 1.235$$

したがって検定統計量 T_0 の実現値 t_0 は

$$t_0 = \frac{\sqrt{10}(\overline{x} - 20.0)}{\sqrt{v}} = \frac{\sqrt{10} \times (20.639 - 20.0)}{\sqrt{1.235}} = 1.818$$

付表 3 より $t(9; 0.025) = 2.262$ だから $|t_0| < t(9; 0.025)$ となり，有意水準 5% で H_0 は棄却されない．したがってこのデータからは寸法が変わったと積極的に主張することはできない．しかし $|t_0|$ の値はかなり大きいので，もっと多くのデータをとるなどして，検討した方がよさそうである．

6.2 母分散の検定

次に正規母集団からの無作為標本に基づいて,母分散の検定を構成しよう.母平均が分かっている場合は,区間推定のところでも述べたように,少し精度のよい検定ができる.この場合は次に述べる検定統計量で,標本平均の代わりに母平均を代入し,χ^2-分布の自由度を1つ上げればよい.ここでは母平均が未知の一般の場合を扱う.使うのは区間推定と同様に平方和

$$S = \sum_{i=1}^{n}(X_i - \overline{X})^2 = \sum_{i=1}^{n} X_i^2 - \frac{\left(\sum_{i=1}^{n} X_i\right)^2}{n}$$

である.$\frac{S}{\sigma^2}$ は自由度 $n-1$ の χ^2-分布にしたがう.したがって帰無仮説 $H_0: \sigma^2 = \sigma_0^2$ (σ_0^2 は既知の定数)の検定は,対立仮説の違いにより次のようになる.ここで有意水準は α で,$\chi^2(n-1;\alpha)$ は χ^2-分布の上側 α-点とする.

(i) 対立仮説が $H_1: \sigma^2 > \sigma_0^2$ の検定は,S の実現値 $s = \sum_{i=1}^{n}(x_i - \overline{x})^2$ に対して

$$\frac{s}{\sigma_0^2} \geq \chi^2(n-1;\alpha)$$ のとき有意水準 α で帰無仮説 H_0 を棄却

(ii) 対立仮説が $H_1: \sigma^2 < \sigma_0^2$ の検定は

$$\frac{s}{\sigma_0^2} \leq \chi^2(n-1;1-\alpha)$$ のとき有意水準 α で帰無仮説 H_0 を棄却

(iii) 対立仮説が $H_1: \sigma^2 \neq \sigma_0^2$ の検定は

$$\frac{s}{\sigma_0^2} \leq \chi^2\left(n-1;1-\frac{\alpha}{2}\right) \text{ または } \frac{s}{\sigma_0^2} \geq \chi^2\left(n-1;\frac{\alpha}{2}\right)$$ のとき

有意水準 α で帰無仮説 H_0 を棄却

が検定となる.

6.2 母分散の検定

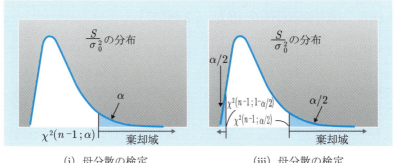

図 **6.3** 母分散の検定

> **例題 6.2**
>
> 文房具の液状ノリを製造している工場で，これまでは製品の充填量は平均 50 ml でバラツキの目安である分散が 2.0 であった．最近新しい機械を購入したところ，バラツキは小さくなったようである．これを検証するために，ランダムに 15 個の製品を抽出して充填量を測定したところ次のデータが得られた．バラツキは小さくなったといえるか．
>
> 50.61, 49.12, 50.72, 50.15, 49.74, 51.20, 50.14, 50.36,
> 50.17, 49.79, 50.06, 49.70, 52.18, 50.05, 49.97

解 帰無仮説 $H_0 : \sigma^2 = 2.0$ v.s. 対立仮説 $H_1 : \sigma^2 < 2.0$ を有意水準 5% で検定する．データより平方和の実現値は

$$s = \sum_{i=1}^{15} x_i^2 - \frac{\left(\sum_{i=1}^{15} x_i\right)^2}{15} = 7.221$$

また 付表 4 より $\chi^2(14; 0.95) = 6.57$ だから

$$\frac{s}{2.0} = 3.61 \leq \chi^2(14; 0.95)$$

である．したがって有意水準 5% で仮説 H_0 は棄却される．バラツキは小さくなったといえる．ちなみに母分散の推定値は $v = 7.221/14 = 0.516$ である．

6.3 母平均の差の検定（2 標本）

データの得られた母集団は異なるが，同じ型の 2 組のデータ $x_1, x_2, \cdots, x_m$ と $y_1, y_2, \cdots, y_n$ に基づく推測を考える．このとき 1 番知りたいことは，2 組の母集団分布が同じかどうかである．そこでまず考えられるのが，母集団分布の母平均の比較である．すなわち母平均が等しいかどうかの検定を行う．この場合もデータ $x_1, x_2, \cdots, x_m$ と $y_1, y_2, \cdots, y_n$ を正規母集団からの無作為標本の実現値とみなして解析する．$X_1, X_2, \cdots, X_m$ を正規母集団 $N(\mu_1, \sigma_1^2)$ からの無作為標本，$Y_1, Y_2, \cdots, Y_n$ を正規母集団 $N(\mu_2, \sigma_2^2)$ からの無作為標本とする．このとき帰無仮説 $H_0 : \mu_1 = \mu_2$ の検定を考える．

● **母分散が既知**　あまり現実的ではないが，2 つの母分散 σ_1^2 と σ_2^2 が分かっている場合を考える．標本平均 $\overline{X} = \sum_{i=1}^{m} X_i/m$, $\overline{Y} = \sum_{i=1}^{n} Y_i/n$ をもとにする．帰無仮説が正しければ $\overline{X} - \overline{Y}$ は 0 に近い値をとる確率が大である．正規分布の再生性（式 (2.3)）より

$$\overline{X} - \overline{Y} \sim N\left(\mu_1 - \mu_2, \frac{\sigma_1^2}{m} + \frac{\sigma_2^2}{n}\right)$$

したがって H_0 が正しいとき

$$U_0 = \frac{\overline{X} - \overline{Y}}{\sqrt{\frac{\sigma_1^2}{m} + \frac{\sigma_2^2}{n}}} \sim N(0, 1)$$

この検定統計量を使って以下のように検定できる．

> (i) 対立仮説が $H_1 : \mu_1 > \mu_2$ の検定は，U_0 の実現値
> $$u_0 = \frac{\overline{x} - \overline{y}}{\sqrt{\frac{\sigma_1^2}{m} + \frac{\sigma_2^2}{n}}}$$
> に対して
> $\quad u_0 \geq z_\alpha$ のとき有意水準 α で帰無仮説 H_0 を棄却
> (ii) 対立仮説が $H_1 : \mu_1 < \mu_2$ の検定は
> $\quad u_0 \leq -z_\alpha$ のとき有意水準 α で帰無仮説 H_0 を棄却
> (iii) 対立仮説が $H_1 : \mu_1 \neq \mu_2$ の検定は
> $\quad |u_0| \geq z_{\alpha/2}$ のとき有意水準 α で帰無仮説 H_0 を棄却

6.3 母平均の差の検定（2 標本）

例題 6.3

2つの製造ライン A, B で同じ蓄電池を作っている．この電池に充電した後で，バッテリー切れになるまでの時間（分）について，ラインによる違いがあるかどうかを検討することになった．これまでの検査から，この2つのラインのそれぞれの分散は，$\sigma_1^2 = 40, \sigma_2^2 = 60$ であることが分かっている．新しく2つのラインからランダムに $12 \, (= m)$ 個と $16 \, (= n)$ 個の製品を取り出し，充電後バッテリー切れになるまでの時間を測定したところ，次のデータが得られた．2つのラインによる平均に差があるかどうかを検定せよ．

A : 306.6, 299.1, 296.8, 294.6, 296.8, 306.7
298.2, 297.1, 297.3, 306.2, 309.3, 304.1

B : 312.3, 324.5, 313.9, 329.9, 312.2, 318.6, 320.3, 326.3
310.3, 334.8, 323.7, 330.8, 315.2, 316.1, 316.6, 312.5

解 帰無仮説 $H_0 : \mu_1 = \mu_2$ v.s. 対立仮説 $H_1 : \mu_1 \neq \mu_2$ について有意水準 5% で検定する．データより $m = 12, n = 16$ で，各標本平均の実現値は

$$\overline{x} = 301.067, \quad \overline{y} = 319.875$$

したがって検定統計量 U_0 の実現値は

$$u_0 = \frac{\overline{x} - \overline{y}}{\sqrt{\frac{40}{12} + \frac{60}{16}}} = -7.067$$

付表 2 より

$$|u_0| = 7.067 \geq 1.96 = z_{0.025}$$

だから，有意水準 5% で H_0 は棄却される．よって2つのラインによる違いがある．

● **等分散で未知** 母分散は未知ではあるが，分散が等しいとみなせるときの検定を求める．すなわち正規母集団 $N(\mu_1, \sigma^2)$ と $N(\mu_2, \sigma^2)$ からの無作為標本のとき，帰無仮説 $H_0: \mu_1 = \mu_2$ の検定を考える．このとき正規分布の再生性（式 (2.3)）より

$$\overline{X} - \overline{Y} \sim N\left(\mu_1 - \mu_2, \left(\frac{1}{m} + \frac{1}{n}\right)\sigma^2\right)$$

となる．また共通の母分散 σ^2 の不偏推定量は

$$V = \frac{1}{m+n-2}\left\{\sum_{i=1}^{m}(X_i - \overline{X})^2 + \sum_{i=1}^{n}(Y_i - \overline{Y})^2\right\}$$

で与えられる．したがって

$$T_0 = \frac{\overline{X} - \overline{Y}}{\sqrt{\left(\frac{1}{m} + \frac{1}{n}\right)V}}$$

は H_0 が正しいとき，自由度 $m+n-2$ の t-分布にしたがう．実現値

$$t_0 = \frac{\overline{x} - \overline{y}}{\sqrt{\left(\frac{1}{m} + \frac{1}{n}\right)v}}$$

を使って，1つの母集団分布の母平均のときと同じように

> (i) 対立仮説が $H_1: \mu_1 > \mu_2$ の検定は
> $t_0 \geqq t(m+n-2; \alpha)$ のとき有意水準 α で帰無仮説 H_0 を棄却
> (ii) 対立仮説が $H_1: \mu_1 < \mu_2$ の検定は
> $t_0 \leqq -t(m+n-2; \alpha)$ のとき有意水準 α で帰無仮説 H_0 を棄却
> (iii) 対立仮説 $H_1: \mu_1 \neq \mu_2$ の検定は
> $|t_0| \geqq t(m+n-2; \frac{\alpha}{2})$ のとき有意水準 α で帰無仮説 H_0 を棄却

と検定できる．

例題 6.4

大学入学後の数学の学力をみるために，文系と理系の学生を無作為に 10 人と 12 人抽出して試験を行った結果が次のデータである．なお文系と理系では学力のバラツキは同じぐらいと考えられる．理系の方が文系より数学の学力があるといえるか検定せよ．

文系 (x):　74, 67, 62, 62, 50, 76, 54, 55, 66, 82
理系 (y):　67, 78, 82, 79, 78, 95, 64, 72, 81, 83, 64, 65

解　帰無仮説 $H_0 : \mu_1 = \mu_2$ v.s. 対立仮説 $H_1 : \mu_1 < \mu_2$ を有意水準 5%で検定する．データより

$$\overline{x} = 64.80, \quad \overline{y} = 75.67$$
$$s_1 = \sum_{i=1}^{10}(x_i - \overline{x})^2 = 959.60, \quad s_2 = \sum_{i=1}^{12}(y_i - \overline{y})^2 = 992.67$$
$$v = \frac{1}{10+12-2} \times (959.60 + 992.67) = 97.61$$

したがって検定統計量 T_0 の実現値は

$$t_0 = \frac{\overline{x} - \overline{y}}{\sqrt{\left(\frac{1}{10} + \frac{1}{12}\right)v}} = -2.57$$

付表 3 より $t(20; 0.05) = 1.725$ であるから

$$t_0 \leq -t(20; 0.05)$$

となり，有意水準 5%で H_0 は棄却される．すなわち理系の方が数学の学力があると判断される．

● **母分散が完全に未知**　母分散 σ_1^2 と σ_2^2 が完全に未知の場合を考える．このときには分散が既知のときの検定統計量 U_0 の分散の項に不偏推定量を代入した

$$\widetilde{T}_0 = \frac{\overline{X} - \overline{Y}}{\sqrt{\frac{V_1}{m} + \frac{V_2}{n}}}$$

が検定統計量として考えられる．ここで

$$V_1 = \frac{1}{m-1} \sum_{i=1}^{m} (X_i - \overline{X})^2$$

$$V_2 = \frac{1}{n-1} \sum_{i=1}^{n} (Y_i - \overline{Y})^2$$

である．しかしこの $\widetilde{T}_0$ の分布は2つの母分散の比に依存してしまい，上側 α-点を求めることができない．この場合には近似的な方法がいくつか提案されていて，その中で1番有名なものがウェルチ（**Welch**）の検定と呼ばれるものである．その考え方は $\widetilde{T}_0$ の分布は t-分布に近いものであろうから，t-分布の期待値と分散を調節して $\widetilde{T}_0$ が自由度 d の t-分布に近似的にしたがうとする．ここで

$$d = \frac{\left(\frac{v_1}{m} + \frac{v_2}{n}\right)^2}{\left(\frac{v_1}{m}\right)^2 \big/ (m-1) + \left(\frac{v_2}{n}\right)^2 \big/ (n-1)} \tag{6.1}$$

である．ただし v_1, v_2 は V_1, V_2 の実現値である．この自由度は一般には小数となるから，線形補間法を使って近似を求める．数表で $d_1 \leqq d \leqq d_2$ を満たす d に1番近い数表にある値 d_1, d_2 を探し，その上側 α-点を使って小数自由度 d の上側 α-点の近似が

$$t(d; \alpha) = \frac{d_2 - d}{d_2 - d_1} \times t(d_1; \alpha) + \frac{d - d_1}{d_2 - d_1} \times t(d_2; \alpha)$$

で与えられる．これがウェルチの検定である．対立仮説の違いによる検定は等分散で未知のときと同じである．

> **例題 6.5**
>
> A, B 2 社の同じワット数の蛍光灯に対して品質に差があるかどうかを調べるために，両社からランダムに製品を取り出して一定の距離をおいたところでの明るさ（ルックス）を測定した結果が次のものである．2 社の製品に差があるかどうか検定せよ．
>
> A 社 (x): 55.6, 54.9, 55.8, 63.6, 58.5, 61.5, 60.1, 59.4, 55.7, 56.6, 59.5
> B 社 (y): 61.9, 48.9, 51.7, 51.7, 62.9, 38.8, 44.7, 50.5, 56.4, 47.1

解 帰無仮説 $H_0: \mu_1 = \mu_2$ v.s. 対立仮説 $H_1: \mu_1 \neq \mu_2$ を有意水準 5%で検定する．データより $m = 11, n = 10$ で

$$\overline{x} = 58.29, \quad \overline{y} = 51.46$$

$$v_1 = 7.90, \quad v_2 = 55.20$$

$$\widetilde{t}_0 = \frac{\overline{x} - \overline{y}}{\sqrt{\dfrac{v_1}{11} + \dfrac{v_2}{10}}} = 2.73$$

$$d = \frac{\left(\dfrac{v_1}{11} + \dfrac{v_2}{10}\right)^2}{\left(\dfrac{v_1}{11}\right)^2 \big/ 10 + \left(\dfrac{v_2}{10}\right)^2 \big/ 9} = 11.32$$

付表 3 より $t(11.32; 0.025)$ の近似は

$$t(11.32; 0.025) = 0.68 \times t(11; 0.025) + 0.32 \times t(12; 0.025)$$
$$= 2.194$$

$|\widetilde{t}_0| \geq t(11.32; 0.025)$ であるから，有意水準 5%で仮説 H_0 は棄却される．2 社の製品に差があるといえる．

6.4 等分散の検定(2標本)

2つの母集団の母分散の比較を考えよう.一般的に母分散の比が特定の値に等しいという帰無仮説の検定として構成できるが,1番よく利用されるのは等分散の検定,すなわち帰無仮説 $H_0 : \sigma_1^2 = \sigma_2^2$ の検定である.これは2つの母集団分布が同じかどうかの検定として使える.また母平均の差の検定のときに,等分散かどうかで検定方法が異なっていたので,等分散の検定は母平均の差の検定についての予備的な検定として利用されることもある.検定統計量はそれぞれの不偏分散 V_1, V_2 を使って

$$F_0 = \frac{V_1}{V_2}$$

で与えられる.これは帰無仮説 $H_0 : \sigma_1^2 = \sigma_2^2$ が正しいとき,F-分布の導出法より,自由度 $(m-1, n-1)$ の F-分布にしたがうことが分かる.したがって F-分布の上側 α-点を使って検定できる.片側検定も構成できるが,対立仮説 $H_1 : \sigma_1^2 \neq \sigma_2^2$ の両側検定が普通である.実現値 $v_1, v_2, f_0 = \frac{v_1}{v_2}$ に対して

> (i) $f_0 \geq F\left(m-1, n-1; \frac{\alpha}{2}\right)$ または $f_0 \leq F\left(m-1, n-1; 1-\frac{\alpha}{2}\right)$
> のとき有意水準 α で帰無仮説 H_0 を棄却
>
> (ii) $F\left(m-1, n-1; 1-\frac{\alpha}{2}\right) < f_0 < F\left(m-1, n-1; \frac{\alpha}{2}\right)$ のとき
> 有意水準 α で帰無仮説 H_0 を棄却しない

で検定できる.

F-分布の α-点は自由度の組合せの数だけ必要になるから,数表が膨大になる.F-分布の性質より

$$f_0 = \frac{v_1}{v_2} \leq F\left(m-1, n-1; 1-\frac{\alpha}{2}\right) \iff f_0^* = \frac{v_2}{v_1} \geq F\left(n-1, m-1; \frac{\alpha}{2}\right)$$

と自由度を入れ替えて α-点を変えることができて,不等号の向きが変わる.したがって実際に検定するときは,v_1, v_2 の大きな方を分子にもっていき,分子,分母の自由度に気を付けて,上側 $\frac{\alpha}{2}$-点を使えばよい.

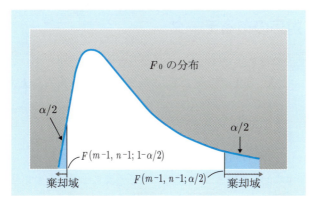

図 6.4　等分散の検定

例題 6.6

例題 6.5 のデータに基づいて，2 社の製品のバラツキに違いがあるかどうか有意水準 5% で検定せよ．

解　例題 6.5 の計算より $v_1 = 7.90$, $v_2 = 55.20$ だから検定統計量 F_0 の実現値は

$$f_0^* = \frac{v_2}{v_1} = \frac{55.20}{7.90} = 6.987$$

付表 5 より $F(9, 10; 0.025) = 3.779$ だから

$$f_0^* \geq F(9, 10; 0.025)$$

となり，有意水準 5% で H_0 は棄却される．すなわち 2 社の製品の母分散は異なっており，バラツキに違いがあるといえる．

6.5 対応のあるデータ

ここでは 2 つの母集団ではあるが,すこし特別な構造をしているときを考える. $X_1, X_2, \cdots, X_n$ と $Y_1, Y_2, \cdots, Y_n$ の無作為標本が得られ,統計的モデルとして

$$X_i = \mu_1 + \xi_i + \varepsilon_i$$
$$Y_i = \mu_2 + \xi_i + \varepsilon_i' \qquad (i = 1, 2, \cdots, n)$$

の構造を仮定する.ここで ξ_i は i 番目に共通の要素の影響を表す母数で,$\varepsilon_i, \varepsilon_i'$ は

$$E(\varepsilon_i) = E(\varepsilon_i') = 0$$

を満たし,互いに独立で同じ正規分布にしたがうと仮定する.関心があるのは $\{X_i\}$ に共通の母数 μ_1 と $\{Y_i\}$ に共通の母数 μ_2 の比較,すなわち帰無仮説 $H_0: \mu_1 = \mu_2$ の検定を構成する.ξ_i の影響を取り除くためには,$Z_i = X_i - Y_i$ をもとにすればよい.このとき

$$Z_i = \mu_1 - \mu_2 + \varepsilon_i - \varepsilon_i'$$

となるから,Z_i は正規分布 $N(\mu_1 - \mu_2, \sigma_z^2)$ にしたがう.ただし分散

$$\sigma_z^2 = V(\varepsilon_i) + V(\varepsilon_i')$$

は未知である.したがって母分散が未知のときの母平均の検定に帰着されるから,検定統計量として

$$T_0 = \frac{\overline{Z}}{\sqrt{V_z/n}}$$

を使えばよい.ここで

$$\overline{Z} = \frac{1}{n} \sum_{i=1}^{n} Z_i, \quad V_z = \frac{1}{n-1} \sum_{i=1}^{n} (Z_i - \overline{Z})^2$$

である.対立仮説に応じて片側および両側の検定が構成できる.

6.5 対応のあるデータ

例題 6.7

血圧を下げる効果があるとされる新薬を開発した．この薬が有効かどうかを検証するために，11 人の被験者を選び薬の投与前と投与後の最高血圧を測定したところ次のデータが得られた．薬は効果があるといえるか．

表 6.1 新薬投与前・後の血圧

被験者	1	2	3	4	5	6	7	8	9	10	11
投与前	126	134	124	137	134	130	150	145	144	120	125
投与後	122	148	121	119	113	114	138	125	139	119	114

解 帰無仮説 $H_0 : \mu_1 = \mu_2$ v.s. 対立仮説 $H_1 : \mu_1 > \mu_2$ を有意水準 5％で検定する．血圧は個人差がかなりあるから，投与前と投与後の数値には被験者による固有の要素があると考えられる．したがって差に基づく検定を考える．各被験者の投与前から投与後の血圧を引くと

$$4, \ -14, \ 3, \ 18, \ 21, \ 16, \ 12, \ 20, \ 5, \ 1, \ 11$$

だから，それぞれの実現値を求めると

$$\bar{z} = \frac{1}{11} \sum_{i=1}^{11} z_i = 8.818$$

$$v_z = \frac{1}{11-1} \sum_{i=1}^{11} (z_i - \bar{z})^2 = 107.763$$

したがって検定統計量 T_0 の実現値は

$$t_0 = \frac{\bar{z}}{\sqrt{v_z/11}} = 2.817$$

付表 3 より $t(10; 0.05) = 1.812$ だから，$t_0 \geq t(10; 0.05)$ となり仮説 H_0 は有意水準 5％で棄却される．新薬は血圧を下げる効果があると判断してよい．

6.6　発展1：比率の検定

製品の**不良率**などの，比率 p の正規近似による検定を考える．第 5 章の区間推定と同様に，確率変数 X が二項分布 $B(n,p)$ にしたがうとする．この X は，無作為に n 個の製品を抽出したときの不良品の個数を表すことになる．X をもとにして比率 p に対する帰無仮説 $H_0 : p = p_0$ の検定を構成する．二項分布の正規近似より

$$\frac{X - np}{\sqrt{np(1-p)}} \approx N(0,1)$$

である．したがって対立仮説 $H_1 : p \neq p_0$ に対する両側検定では，X の実現値 x に対して

$$\left| \frac{x - np_0}{\sqrt{np_0(1-p_0)}} \right| \geqq z_{\alpha/2}$$

のとき，有意水準 α で帰無仮説 H_0 は棄却される．片側検定も同様に構成される．

例題 6.8

不良率が 0.03 であるとされていた製造ラインから，無作為に 200 個の製品を抽出して不良品の個数を調べたところ，10 個であった．不良率は変わらないといえるか．

解　帰無仮説 $H_0 : p = 0.03$ v.s. 対立仮説 $H_1 : p \neq 0.03$ を有意水準 5% で検定する．データから $n = 200$，$x = 10$，$p_0 = 0.03$ であるから

$$\frac{x - np_0}{\sqrt{np_0(1-p_0)}} = 1.658$$

付表 2 より $z_{0.025} = 1.96$ であるから，有意水準 5% で帰無仮説 H_0 は棄却されない．現在の段階では不良率が変わったと積極的に主張することはできないが，不良率の点推定値 $\hat{p} = 0.05$ と $p_0 = 0.03$ はかなり違うので，抽出サンプルの個数を増やすなどして，検証した方がよさそうである．

6.7　発展2：検定の誤りと検出力

統計的仮説検定においては，偶然に左右されるデータに基づいて仮説を検証するために，どうしても誤りが起こることは避けられない．誤りには次の2種類がある．

> 第1種の誤り：帰無仮説 H_0 が正しいにもかかわらず H_0 を棄却する誤り
> 第2種の誤り：対立仮説 H_1 が正しいにもかかわらず H_0 を棄却しない誤り

例1の例でいえば，内容量は従来と変わらず200gであるのに，たまたま内容量の少ないものがデータとして取り出されたために，「内容量が少なくなった」と判断してしまうのが第1種の誤りである．逆に内容量が少なくなっているのに，たまたま多いものがデータとして取り出されたために，「内容量は変わらない」と判断してしまうのが，第2種の誤りである．

有意水準は第1種の誤りをおかす確率を表しており，統計的検定ではこの確率を0.05または0.01と非常に小さく設定している．他方，第2種の誤りの確率については，**検出力**と呼ばれる形で評価される．検出力は H_1 が正しいときに正しく H_0 を棄却する確率である．したがって第2種の誤りの確率を β とおくと，検出力は

$$p = 1 - \beta$$

となる．H_0 を棄却しやすい統計量を使うと，検出力は高い（第2種の誤りをおかす確率は小さい）が，第1種の誤りをおかす確率（有意水準）が大きくなるという性質をもっており，同時に両者の誤りの確率を小さくすることはできない．統計的仮説検定では，有意水準を一定にしておき，検出力の高い検定統計量を構成することが重要になる．

例3 $X_1, X_2, \cdots, X_n$ を正規母集団 $N(\mu, 1)$ からの無作為標本とする. このとき帰無仮説 $H_0 : \mu = 0$ v.s. 対立仮説 $H_1 : \mu > 0$ の片側検定を考える. 検定統計量は

$$\frac{\overline{X}}{\sqrt{1/n}} = \sqrt{n}(\overline{X})$$

となる. 有意水準 5%の検定を考えると, 対立仮説 $H_1 : \mu > 0$ のときの検出力 p は

$$p(\mu) = P_\mu(\sqrt{n}(\overline{X}) \geqq z_{0.05}) = P_\mu(\sqrt{n}(\overline{X} - \mu) \geqq z_{0.05} - \sqrt{n}\,\mu)$$

$\sqrt{n}(\overline{X} - \mu)$ は標準正規分布 $N(0,1)$ にしたがうから, 分布関数 $\Phi(x)$ を使うと

$$p = p(\mu) = 1 - \Phi(z_{0.05} - \sqrt{n}\,\mu)$$
$$= 1 - \Phi(1.645 - \sqrt{n}\,\mu)$$
$$= \Phi(\sqrt{n}\,\mu - 1.645)$$

図 6.5 のグラフで分かるように $\sqrt{n}\,\mu$ を大きくすると, 検出力は高くなる. この関係を利用すると, 有意水準と検出力に対しての事前の要求に応える標本数が決定できる. 例えば, 実際の母平均が $\mu = 0.5$ のとき有意水準 5%で検出力を 0.90 以上にするには付表 1 より $\Phi(-1.282) = 0.1$ だから

$$1.645 - \sqrt{n}\,\mu \leqq -1.282, \quad \frac{1.645 + 1.282}{0.5} \leqq \sqrt{n}, \quad (5.854)^2 \leqq n$$

したがって $n \geqq 35$ であれば検出力は 0.90 以上になる.

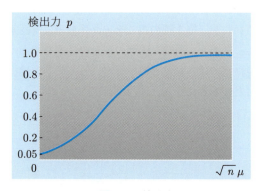

図 6.5 検出力

6.8 発展3：信頼区間と検定

統計的仮説検定と信頼区間は，目的が異なるだけで使う道具は同じである．両側検定には両側信頼区間，片側検定には片側信頼区間が対応する．ここで両側検定と両側信頼区間の関係を，母分散が未知のときの母平均の推測の場合に考えてみよう．

実現値 $x_1, x_2, \cdots, x_n, \overline{x}, v$ に対して，母平均 μ の信頼係数 $1-\alpha$ 両側信頼区間を

$$I = \left[\overline{x} - t\left(n-1; \frac{\alpha}{2}\right) \sqrt{\frac{v}{n}}, \quad \overline{x} + t\left(n-1; \frac{\alpha}{2}\right) \sqrt{\frac{v}{n}} \right]$$

とおく．また検定において帰無仮説 $H_0 : \mu = \mu_0$ v.s. 対立仮説 $H_1 : \mu \neq \mu_0$ を考えると

> $\mu_0 \in I \iff$ 有意水準 α で帰無仮説 H_0 を棄却しない
>
> $\mu_0 \notin I \iff$ 有意水準 α で帰無仮説 H_0 を棄却する

の関係がある．したがって信頼区間は，仮説検定で棄却されないような母平均 μ の全体となることが分かる．この検定と信頼区間の関係は，一般的なものである．

次に第5章では触れなかった母平均の差の区間推定で，具体的な比較を行ってみよう．

● **母平均の差の信頼区間** $X_1, X_2, \cdots, X_m$ を正規母集団 $N(\mu_1, \sigma_1^2)$ からの無作為標本，$Y_1, Y_2, \cdots, Y_n$ を正規母集団 $N(\mu_2, \sigma_2^2)$ からの無作為標本とする．このとき母平均の差 $\mu_1 - \mu_2$ の区間推定を考える．6.3節で学習したように，母分散が既知かどうか，また等しいかどうかで検定は異なっていた．区間推定の場合も同じで，次の場合分けが必要になる．

● **分散が既知** 母分散 σ_1^2, σ_2^2 が分かっている場合は

$$\frac{\overline{X} - \overline{Y} - (\mu_1 - \mu_2)}{\sqrt{\frac{\sigma_1^2}{m} + \frac{\sigma_2^2}{n}}} \sim N(0,1)$$

を使うと，実現値 $\overline{x}, \overline{y}$ に対して，母平均の差 $\mu_1 - \mu_2$ の信頼係数 $1-\alpha$ の信頼区間は

$$\overline{x} - \overline{y} - z_{\alpha/2}\sqrt{\frac{\sigma_1^2}{m} + \frac{\sigma_2^2}{n}} \leq \mu_1 - \mu_2 \leq \overline{x} - \overline{y} + z_{\alpha/2}\sqrt{\frac{\sigma_1^2}{m} + \frac{\sigma_2^2}{n}}$$

となる．

> **例題 6.9**
>
> 例題 6.3 のデータに対して，母平均の差 $\mu_1 - \mu_2$ の信頼係数 95% の両側信頼区間を求めよ．

解 例題 6.3 の計算より，$m = 12, n = 16, \overline{x} = 301.067, \overline{y} = 319.875$ で，$z_{0.025} = 1.96$ だから求める信頼区間は

$$301.067 - 319.875 - 1.96 \times \sqrt{\frac{40}{12} + \frac{60}{16}}$$

$$\leq \mu_1 - \mu_2 \leq 301.067 - 319.875 + 1.96 \times \sqrt{\frac{40}{12} + \frac{60}{16}}$$

$$-24.024 \leq \mu_1 - \mu_2 \leq -13.591$$

この信頼区間は，帰無仮説 $H_0 : \mu_1 = \mu_2$ のときの差 0 を含まない．したがって仮説検定との関係から，有意水準 5% で帰無仮説 H_0 は棄却される．

6.8 発展3:信頼区間と検定

● **等分散で未知** 母分散は $\sigma_1^2 = \sigma_2^2 = \sigma^2$ であるが,σ^2 が未知のときは, p.98 の検定のときと同様に

$$\frac{\overline{X} - \overline{Y} - (\mu_1 - \mu_2)}{\sqrt{\left(\frac{1}{m} + \frac{1}{n}\right)V}} \sim \text{自由度 } m+n-2 \text{ の } t\text{-分布}$$

を使う.ただし V は共通の分散 σ^2 の不偏推定量

$$V = \frac{1}{m+n-2}\left\{\sum_{i=1}^{m}(X_i - \overline{X})^2 + \sum_{i=1}^{n}(Y_i - \overline{Y})^2\right\}$$

である.実現値 $\overline{x}, \overline{y}, v$ に対して,母平均の差 $\mu_1 - \mu_2$ の信頼係数 $1-\alpha$ の信頼区間は

$$\overline{x} - \overline{y} - t\left(m+n-2; \frac{\alpha}{2}\right)\sqrt{\left(\frac{1}{m} + \frac{1}{n}\right)v}$$
$$\leq \mu_1 - \mu_2 \leq \overline{x} - \overline{y} + t\left(m+n-2; \frac{\alpha}{2}\right)\sqrt{\left(\frac{1}{m} + \frac{1}{n}\right)v}$$

となる.

例題 6.10

例題 6.4 のデータに対して,母平均の差 $\mu_1 - \mu_2$ の信頼係数 95% の両側信頼区間を求めよ.

解 例題 6.4 より実現値は $m = 10$, $n = 12$, $\overline{x} = 64.80$, $\overline{y} = 75.67$, $v = 97.61$ で,$t(20; 0.025) = 2.086$ だから求める信頼区間は

$$64.80 - 75.67 - 2.086 \times \sqrt{\left(\frac{1}{10} + \frac{1}{12}\right) \times 97.61}$$
$$\leq \mu_1 - \mu_2 \leq 64.80 - 75.67 + 2.086 \times \sqrt{\left(\frac{1}{10} + \frac{1}{12}\right) \times 97.61}$$

$$-19.691 \leq \mu_1 - \mu_2 \leq -2.042$$

となる.この信頼区間も帰無仮説 $H_0: \mu_1 = \mu_2$ のときの差 0 を含まない.例題 6.4 では片側検定であったが,両側検定であっても帰無仮説 H_0 は棄却されることが分かる.

● **分散が全く未知**　最後にウェルチの検定のときの，分布の近似に基づく信頼区間の構成を考えてみよう．もとになる近似は

$$\frac{\overline{X} - \overline{Y} - (\mu_1 - \mu_2)}{\sqrt{\frac{V_1}{m} + \frac{V_2}{n}}} \approx \text{自由度 } d \text{ の } t\text{-分布}$$

である．ここで

$$V_1 = \frac{1}{m-1} \sum_{i=1}^{m} (X_i - \overline{X})^2, \quad V_2 = \frac{1}{n-1} \sum_{i=1}^{n} (Y_i - \overline{Y})^2$$

はそれぞれの母分散の不偏推定量で，自由度 d は式 (6.1) で計算される．したがって実現値 $\overline{x}$, $\overline{y}$, v_1, v_2 に対して，母平均の差 $\mu_1 - \mu_2$ の信頼係数 $1 - \alpha$ の信頼区間は

$$\overline{x} - \overline{y} - t\left(d; \frac{\alpha}{2}\right) \sqrt{\frac{v_1}{m} + \frac{v_2}{n}}$$
$$\leq \mu_1 - \mu_2 \leq \overline{x} - \overline{y} + t\left(d; \frac{\alpha}{2}\right) \sqrt{\frac{v_1}{m} + \frac{v_2}{n}}$$

となる．

> **例題 6.11**
>
> 例題 6.5 のデータに対して，母平均の差 $\mu_1 - \mu_2$ の信頼係数 95% の両側信頼区間を求めよ．

解　例題 6.5 より実現値は $m = 11$, $n = 10$, $\overline{x} = 58.29$, $\overline{y} = 51.46$, $v_1 = 7.90$, $v_2 = 55.20$, $d = 11.32$ であった．また $t(11.32; 0.025) = 2.194$ であったから求める信頼区間は

$$58.29 - 51.46 - 2.194 \times \sqrt{\frac{7.90}{11} + \frac{55.20}{10}}$$
$$\leq \mu_1 - \mu_2 \leq 58.29 - 51.46 + 2.194 \times \sqrt{\frac{7.90}{11} + \frac{55.20}{10}}$$
$$1.350 \leq \mu_1 - \mu_2 \leq 12.310$$

となる．この信頼区間も帰無仮説 $H_0 : \mu_1 = \mu_2$ のときの差 0 を含まない．例題 6.5 の結果と一致している．

6.9 発展4：分散分析

● **一元配置実験** 6.3節では2標本問題についての検定を学んだが，さらに3つ以上の多標本のデータに対しての推測が必要になる場合がある．考えるモデルは

表 **6.2** 一元配置実験

	1	2	$\cdots$	n	計
1	X_{11}	X_{12}	$\cdots$	X_{1n}	$X_{1\cdot}$
2	X_{21}	X_{22}	$\cdots$	X_{2n}	$X_{2\cdot}$
$\vdots$	$\vdots$	$\vdots$	$\cdots$	$\vdots$	$\vdots$
a	X_{a1}	X_{a2}	$\cdots$	X_{an}	$X_{a\cdot}$

の a 組の標本があって

$$X_{ij} = \mu_i + \varepsilon_{ij} \quad (i=1,2,\cdots,a; j=1,2,\cdots,n)$$

と表されると仮定する．ここで ε_{ij} $(1 \leqq i \leqq a; 1 \leqq j \leqq n)$ は互いに独立で同じ正規分布 $N(0, \sigma_e^2)$ にしたがうとし，μ_i は第 i 標本の母平均を表す．この場合も2標本のときと同じように，母分散が等しくないと正確な検定はできない．このモデルは実験計画法の教科書で最初に扱われる**一元配置実験**と呼ばれるもので，品質管理の重要なモデルである．品質管理の現場では，実験を計画する場合に，なるべく分散が等しくなるようにするので，等分散の仮定もそれ程強いものではない．このとき，母平均 μ_i を次のように分解するのが普通である．

$$\mu_i = \mu + \alpha_i \quad (i=1,2,\cdots,a), \qquad \sum_{i=1}^{a} \alpha_i = 0$$

$\mu = \dfrac{1}{a}\sum_{i=1}^{a} \mu_i$ とおき，$\alpha_i = \mu_i - \mu$ と考えれば，上の分解は自然である．ここでは α_i は母数と考えるが（母数モデル），場合によっては確率変数と考えることもある（変量モデル）．このモデルのもとで帰無仮説 $H_0 : \alpha_1 = \alpha_2 = \cdots = \alpha_a = 0$ の検定を構成する．対立仮説は両側検定に対応する「$H_1 : H_0$ ではない」を考える．この解析を**一元配置分散分析**という．

例 4 ある成分を抽出する製造工程で，触媒の量を 4 通り (A_1, A_2, A_3, A_4) に分けて，触媒の量の違いが抽出率 (%) に影響を与えるかどうか調べてみたところ次のデータが得られた．

表 6.3 触媒の効果の一元配置実験

	1	2	3	4	5	6
A_1	30.9	37.2	26.7	30.4	25.4	23.5
A_2	40.2	32.3	22.8	46.9	27.4	38.2
A_3	46.5	41.3	34.0	37.3	38.6	42.0
A_4	22.4	16.4	20.6	22.3	22.5	19.9

触媒の量の違いにより抽出率に差があるといえるか (例題 6.12 参照)．

一元配置分散分析においては，触媒の量のように，抽出率に影響を与えるのではないか思われる要素を**要因**と呼び，各触媒の量を**水準**と呼ぶ．

$$\overline{X}_{i\cdot} = \frac{1}{n}\sum_{j=1}^{n} X_{ij}, \quad \overline{X}_{\cdot\cdot} = \frac{1}{an}\sum_{i=1}^{a}\sum_{j=1}^{n} X_{ij}$$

とおくと，α_i の推定量は $\overline{X}_{i\cdot} - \overline{X}_{\cdot\cdot}$ であるから，帰無仮説が正しければ，これらは 0 に近い値をとる確率が大である．よって検定統計量としては要因 A による平方和

$$S_A = \sum_{i=1}^{a}\sum_{j=1}^{n}(\overline{X}_{i\cdot} - \overline{X}_{\cdot\cdot})^2 = n\sum_{i=1}^{a}(\overline{X}_{i\cdot} - \overline{X}_{\cdot\cdot})^2$$

を使えばよい．しかし母分散 σ_e^2 が未知であるからこれを推定しないといけない．

一般に標本と標本の平均の推定量との差を残差といい，2 乗して和をとったものを**残差平方和**（あるいは**誤差平方和**）と呼ぶ．残差平方和は母分散についての情報をもっている．ここでは

$$S_e = \sum_{i=1}^{a}\sum_{j=1}^{n}(X_{ij} - \overline{X}_{i\cdot})^2 \tag{6.2}$$

が残差平方和である．このとき次の定理が成り立つ．

6.9 発展4：分散分析

定理 6.1 S_A, S_e に対して次の性質が成り立つ．

(1) $\frac{S_e}{\sigma_e^2}$ は自由度 $a(n-1)$ の χ^2-分布にしたがう．

(2) H_0 が正しいとき，$\frac{S_A}{\sigma_e^2}$ は自由度 $a-1$ の χ^2-分布にしたがう．また H_0 が正しいとき，S_A と S_e は独立である．

(3) $E(S_e) = a(n-1)\sigma_e^2$

(4) $E(S_A) = (a-1)\sigma_e^2 + n\sum_{i=1}^{a} \alpha_i^2$

証明 (1) 正規分布の性質（定理 2.3）より

$$Y_i = \sum_{j=1}^{n} \frac{(X_{ij} - \overline{X}_{i\cdot})^2}{\sigma_e^2} \quad (i=1,2,\cdots,a)$$

とおくと，Y_i は自由度 $n-1$ の χ^2-分布にしたがい，$Y_1, Y_2, \cdots, Y_a$ は互いに独立である．したがって χ^2-分布の再生性（例題 2.3）より $\frac{S_e}{\sigma_e^2}$ は自由度 $a(n-1)$ の χ^2-分布にしたがう．

(2) $\sqrt{n}(\overline{X}_{i\cdot})$ $(i=1,2,\cdots,a)$ は H_0 が正しいとき，互いに独立で同じ正規分布 $N(\sqrt{n}\mu, \sigma_e^2)$ にしたがう．したがって定理 2.3 より H_0 が正しいとき，$\frac{S_A}{\sigma_e^2}$ は自由度 $a-1$ の χ^2-分布にしたがう．

また定理 2.3 より，$\sum_{j=1}^{n}(X_{ij}-\overline{X}_{i\cdot})^2$ と $\overline{X}_{i\cdot}$ は独立であったから，H_0 が正しいとき，S_A と S_e は独立である．

(3) 第3章の例1より χ^2-分布の期待値は自由度であったから

$$E\left(\frac{S_e}{\sigma_e^2}\right) = a(n-1)$$

となる．したがって期待値の線形性から

$$E(S_e) = a(n-1)\sigma_e^2$$

が成り立つ．

(4) (2) の結果より

$$n\sum_{i=1}^{a} \frac{\{(\overline{X}_{i\cdot} - \mu - \alpha_i) - (\overline{X}_{\cdot\cdot} - \mu)\}^2}{\sigma_e^2}$$

は自由度 $a-1$ の χ^2-分布にしたがう．よって

$$E\left[n\sum_{i=1}^{a}\{(\overline{X}_{i\cdot}-\mu-\alpha_i)-(\overline{X}_{\cdot\cdot}-\mu)\}^2\right]=(a-1)\sigma_e^2$$

左辺を変形して

$$E\left[n\sum_{i=1}^{a}\{(\overline{X}_{i\cdot}-\overline{X}_{\cdot\cdot})^2-2\alpha_i(\overline{X}_{i\cdot}-\overline{X}_{\cdot\cdot})+\alpha_i^2\}\right]$$

$$=E\left[n\sum_{i=1}^{a}(\overline{X}_{i\cdot}-\overline{X}_{\cdot\cdot})^2\right]-2n\sum_{i=1}^{a}\alpha_iE\left[\overline{X}_{i\cdot}-\overline{X}_{\cdot\cdot}\right]+n\sum_{i=1}^{a}\alpha_i^2$$

$$=E\left[n\sum_{i=1}^{a}(\overline{X}_{i\cdot}-\overline{X}_{\cdot\cdot})^2\right]-n\sum_{i=1}^{a}\alpha_i^2$$

よって (4) が成り立つ．

この定理の結果より検定統計量として

$$F_0=\frac{V_A}{V_e}$$

を使うことができる．ここで

$$V_A=\frac{S_A}{a-1},\quad V_e=\frac{S_e}{a(n-1)}$$

である．H_0 が正しいとき

$$E(V_A)=E(V_e)=\sigma_e^2$$

となり，H_0 が間違いのときは F_0 は大きくなる確率が大になる．また F-分布の導出法より，H_0 が正しいとき F_0 は自由度 $(a-1,a(n-1))$ の F-分布にしたがう．よって F-分布の上側 α-点 $F(a-1,a(n-1);\alpha)$ と F_0 の実現値 f_0 に対して，$f_0\geq F(a-1,a(n-1);\alpha)$ のとき帰無仮説 H_0 を棄却するという検定が構成できる．特に5%で棄却されたとき**有意**，1%で棄却されたとき**高度に有意**であるという．ここで

$$S_T=\sum_{i=1}^{a}\sum_{j=1}^{n}(X_{ij}-\overline{X}_{\cdot\cdot})^2$$

6.9 発展4：分散分析

とおくと

$$S_T = S_A + S_e$$

であることが示せる．このとき，S_T を総平方和と呼ぶ．したがって実際に求めるときは，次の分解と等式を用いて計算すると便利である．

$$CT = \frac{1}{an}\left(\sum_{i=1}^{a}\sum_{j=1}^{n}X_{ij}\right)^2 \quad \text{(修正項)}$$

$$S_T = \sum_{i=1}^{a}\sum_{j=1}^{n}X_{ij}^2 - CT \quad \text{(総平方和)}$$

$$S_A = \frac{1}{n}\sum_{i=1}^{a}\left(\sum_{j=1}^{n}X_{ij}\right)^2 - CT \quad \text{(要因 A による平方和)}$$

$$S_e = S_T - S_A \quad \text{(残差平方和)}$$

これらを使って各平方和を求め，次のような分散分析表にまとめて解析する．名前は分散分析表であるが，実際の検定は母平均の検定であることに注意する．

表 6.4　一元配置分散分析表

要因	平方和	自由度	不偏分散	分散比
要因 A	S_A	$\phi_A = a-1$	$V_A = \frac{S_A}{\phi_A}$	$F_0 = \frac{V_A}{V_e}$
誤差 e	S_e	$\phi_e = a(n-1)$	$V_e = \frac{S_e}{\phi_e}$	
総 T	S_T	$\phi_T = an-1$		

分散分析表の中では残差 e ではなく誤差 e と書く場合が多い．

> **例題 6.12**
> 例 4 のデータについて，触媒の量による影響があるかどうか検定せよ．

解 データより

$$\sum_{i=1}^{a}\sum_{j=1}^{n} x_{ij} = 745.7$$

$$CT = \frac{1}{an}\left(\sum_{i=1}^{a}\sum_{j=1}^{n} x_{ij}\right)^2 = 23169.52$$

$$s_T = \sum_{i=1}^{a}\sum_{j=1}^{n} x_{ij}^2 - CT = 25025.71 - CT = 1856.19$$

$$s_A = \frac{1}{n}\sum_{i=1}^{a}\left(\sum_{j=1}^{n} x_{ij}\right)^2 - CT = 24391.43 - CT = 1221.91$$

$$s_e = s_T - s_A = 634.28$$

したがって，表にまとめると

表 6.5 触媒の分散分析表

要因	平方和	自由度	不偏分散	分散比
要因 A	1221.91	3	407.30	12.84**
誤差 e	634.28	20	31.71	
総 T	1856.19	23		

付表 5 より $F(3, 20; 0.05) = 3.098$, $F(3, 20; 0.01) = 4.938$ だから，有意水準 1%で帰無仮説 H_0 は棄却される．すなわち触媒の量の違いは高度に有意となる．表の分散比の肩の ** は高度に有意であることを示し，有意（5% で棄却）のときは * をつける習慣がある．

6.9 発展4：分散分析

● **二元配置実験**　2つの因子の影響を効率よく検証する方法として**二元配置実験**がある．実験に影響を与えると思われる要因 A の a 個の水準 $(A_1, A_2, \cdots, A_a)$ と要因 B の b 個の水準 $(B_1, B_2, \cdots, B_b)$ の各組合せについて，1回ずつの実験を行ったときの解析法である．モデルは

表 6.6　二元配置実験

	B_1	B_2	$\cdots$	B_b	計
A_1	X_{11}	X_{12}	$\cdots$	X_{1b}	$X_{1\cdot}$
A_2	X_{21}	X_{22}	$\cdots$	X_{2b}	$X_{2\cdot}$
$\vdots$	$\vdots$	$\vdots$	$\ddots$	$\vdots$	$\vdots$
A_a	X_{a1}	X_{a2}	$\cdots$	X_{ab}	$X_{a\cdot}$
計	$X_{\cdot 1}$	$X_{\cdot 2}$	$\cdots$	$X_{\cdot b}$	$X_{\cdot\cdot}$

に対して

$$X_{ij} = \mu + \alpha_i + \beta_j + \varepsilon_{ij} \quad (i=1,2,\cdots,a; j=1,2,\cdots,b)$$

と表されると仮定する．ここで ε_{ij} $(1 \leq i \leq a; 1 \leq j \leq b)$ は互いに独立で同じ正規分布 $N(0, \sigma_e^2)$ にしたがうとし，α_i は要因 A の水準の違いによる効果を表し，β_j は要因 B の水準の違いによる効果を表すことになる．このモデルのもとで

「帰無仮説 $H_0 : \alpha_1 = \alpha_2 = \cdots = \alpha_a = 0$ v.s. 対立仮説 $H_1 : H_0$ ではない」

と

「帰無仮説 $H_0' : \beta_1 = \beta_2 = \cdots = \beta_b = 0$ v.s. 対立仮説 $H_1' : H_0'$ ではない」

の2つの検定を同時に行うのが**二元配置分散分析**である．

$$\overline{X}_{i\cdot} = \frac{1}{b}\sum_{j=1}^{b} X_{ij}, \quad \overline{X}_{\cdot j} = \frac{1}{a}\sum_{i=1}^{a} X_{ij}, \quad \overline{X}_{\cdot\cdot} = \frac{1}{ab}\sum_{i=1}^{a}\sum_{j=1}^{b} X_{ij}$$

とおくと，α_i の推定量は $\overline{X}_{i\cdot} - \overline{X}_{\cdot\cdot}$ で，β_j の推定量は $\overline{X}_{\cdot j} - \overline{X}_{\cdot\cdot}$ となる．これをもとにして平方和

$$S_T = \sum_{i=1}^{a}\sum_{j=1}^{b}(X_{ij}-\overline{X}_{..})^2 \qquad \text{(総平方和)}$$

$$S_A = \sum_{i=1}^{a}\sum_{j=1}^{b}(\overline{X}_{i\cdot}-\overline{X}_{..})^2 \qquad \text{(要因 A による平方和)}$$

$$S_B = \sum_{i=1}^{a}\sum_{j=1}^{b}(\overline{X}_{\cdot j}-\overline{X}_{..})^2 \qquad \text{(要因 B による平方和)}$$

$$S_e = \sum_{i=1}^{a}\sum_{j=1}^{b}(X_{ij}-\overline{X}_{i\cdot}-\overline{X}_{\cdot j}+\overline{X}_{..})^2 \quad \text{(残差平方和)}$$

を使って分散分析を行うことができる．これらの平方和に対して次の定理が成り立つ．

定理 6.2 S_A, S_B, S_e に対して次の性質が成り立つ．

(1) $\frac{S_e}{\sigma_e^2}$ は自由度 $(a-1)(b-1)$ の χ^2-分布にしたがう．

(2) H_0 が正しいとき，$\frac{S_A}{\sigma_e^2}$ は自由度 $a-1$ の χ^2-分布にしたがう．また H_0 が正しいとき，S_A と S_e は独立である．

(3) H_0' が正しいとき，$\frac{S_B}{\sigma_e^2}$ は自由度 $b-1$ の χ^2-分布にしたがう．また H_0' が正しいとき，S_B と S_e は独立である．

(4) $E(S_e) = (a-1)(b-1)\sigma_e^2$

(5) $E(S_A) = (a-1)\sigma_e^2 + b\sum_{i=1}^{a}\alpha_i^2$

(6) $E(S_B) = (b-1)\sigma_e^2 + a\sum_{j=1}^{b}\beta_j^2$

証明 巻末の文献を参照のこと．

6.9 発展4：分散分析

平方和の計算には一元配置分散分析のときと同じように次の等式を用いると便利である．

$$CT = \frac{1}{ab}\left(\sum_{i=1}^{a}\sum_{j=1}^{b} X_{ij}\right)^2 \quad \text{(修正項)}$$

$$S_T = \sum_{i=1}^{a}\sum_{j=1}^{b} X_{ij}^2 - CT \quad \text{(総平方和)}$$

$$S_A = \frac{1}{b}\sum_{i=1}^{a}\left(\sum_{j=1}^{b} X_{ij}\right)^2 - CT \quad \text{(要因 A による平方和)}$$

$$S_B = \frac{1}{a}\sum_{j=1}^{b}\left(\sum_{i=1}^{a} X_{ij}\right)^2 - CT \quad \text{(要因 B による平方和)}$$

$$S_e = S_T - S_A - S_B \quad \text{(残差平方和)}$$

実際の検定法としては次の分散分析表を完成させて，要因 A と要因 B の影響について検定することができる．

表 6.7 二元配置分散分析表

要因	平方和	自由度	不偏分散	分散比
要因 A	S_A	$\phi_A = a - 1$	$V_A = \frac{S_A}{\phi_A}$	$F_0 = \frac{V_A}{V_e}$
要因 B	S_B	$\phi_B = b - 1$	$V_B = \frac{S_B}{\phi_B}$	$F_0 = \frac{V_B}{V_e}$
誤差 e	S_e	$\phi_e = (a-1)(b-1)$	$V_e = \frac{S_e}{\phi_e}$	
総 T	S_T	$\phi_T = ab - 1$		

例 5 ある製品の特性値に及ぼす 2 つの要因 A と B の影響を調べるために 3 水準と 5 水準を取り上げて実験した結果が下記の表である．なお合計 15 回の実験はランダムな順序で行った．このデータの分散分析を行ってみよう．

表 6.8 二元配置実験

	B_1	B_2	B_3	B_4	B_5	計
A_1	4.7	4.5	4.4	4.8	4.6	23.0
A_2	4.4	4.4	4.2	4.3	4.2	21.5
A_3	5.1	5.2	4.9	5.0	5.3	25.5
計	14.2	14.1	13.5	14.1	14.1	70.0

各平方和を求めると

$$CT = 326.67, \quad s_T = 328.54 - 326.67 = 1.87$$

$$s_A = \frac{1}{5}(23.0^2 + 21.5^2 + 25.5^2) - 326.67 = 1.63$$

$$s_B = \frac{1}{3}(14.2^2 + \cdots + 14.1^2) - 326.67 = 0.11$$

$$s_e = 1.87 - 1.63 - 0.11 = 0.13$$

となる．分散分析表は，$F(2, 8; 0.01) = 8.65$，$F(4, 8; 0.05) = 3.84$ に注意すると

表 6.9 製品の特性値の二元分散分析表

要因	平方和	自由度	不偏分散	分散比
要因 A	1.63	2	0.815	50.15**
要因 B	0.11	4	0.0275	1.69
誤差 e	0.13	8	0.01625	
総 T	1.87	14		

したがって要因 A は高度に有意であるが，要因 B は有意ではないという結論になる．

各水準の組合せについて繰り返し実験を行うことができれば，水準の組合せによる相乗効果あるいは相殺効果の検定もできる．この他にも直交配列実験，分割実験などいろいろ工夫されている．詳しくは巻末の文献を参照されたい．

6.10 発展5：適合度検定

最後に多項分布の正規分布による近似に基づく，**適合度検定**をみてみよう．

例6 次のデータはある工場での事故の件数を曜日ごとに調べたものである．事故の起きる件数は曜日によって異なるであろうか．

表 6.10 曜日ごとの事故件数

曜日	月	火	水	木	金	計
件数	25	13	10	12	20	80

もし曜日による違いがなければ，合計 80 件であるから $80/5 = 16$ 件が各曜日に起こることが予測される．したがって実際の観測度数との差 $25-16$, $13-16$, $10-16$, $12-16$, $20-16$ で曜日による違いがあるかどうかが判断される．■

上の例を一般化して考えよう．データの出現範囲が k 個のクラス（級，セルともいう）に分かれているとする．各クラスの観測度数を $x_1, x_2, \cdots, x_k$ とし総度数を $n = \sum_{i=1}^{k} x_i$ とおく．曜日による違いがないというような，帰無仮説 H_0 が正しいときの各クラスの出現確率を $p_1, p_2, \cdots, p_k \left(\sum_{i=1}^{k} p_i = 1 \right)$ とする．仮説 H_0 が正しいときの各クラスの期待度数は np_i である．これを

$$e_i = np_i$$

とおき，表にまとめると次のようになる．

表 6.11 適合度検定のモデル

クラス	1	2	$\cdots$	k	計
出現確率	p_1	p_2	$\cdots$	p_k	1
期待度数	$e_1 = np_1$	$e_2 = np_2$	$\cdots$	$e_k = np_k$	n
観測度数	X_1	X_2	$\cdots$	X_k	n

帰無仮説 H_0 の検定統計量としては，観測度数と期待度数の差を 2 乗して，重みを付けて加えた

$$\chi_0^2 = \sum_{i=1}^{k} \frac{(X_i - e_i)^2}{e_i}$$

が使われる．$X_1, X_2, \cdots, X_k$ は多項分布にしたがうけれども，実際には統計量の正確な分布を求めるのは難しい．したがって次に述べる分布の近似を利用して検定を行う．

> **定理 6.3**　n が十分大きいときに帰無仮説 H_0 が正しければ χ_0^2 は自由度 $k-1$ の χ^2-分布にしたがう．

証明　二項分布の正規分布での近似と同様に示せるが，ここでは省略する．

この定理を使うと H_0：出現確率は p_i $(i=1,\cdots,k)$ v.s. $H_1: H_0$ ではないとした検定は，有意水準 α に対して

$$\chi_0^2 \geq \chi^2(k-1;\alpha) \text{ のとき } H_0 \text{ を棄却}$$

となる．この検定を**適合度の χ^2-検定**と呼ぶ．

例 7　例 6 の続き．先の例のデータに基づいて検定を行う．$e_i = 80/5 = 16$ だから

$$\chi_0^2 = \frac{1}{16}\left\{(25-16)^2 + (13-16)^2 + (10-16)^2 + (12-16)^2 + (20-16)^2\right\}$$
$$= 9.875$$
$$> 9.49 = \chi^2(4; 0.05)$$

となり，有意水準 5% で仮説 H_0 は棄却される．

例 7 では，仮説 H_0 のもとで $p_i\,(i=1,\cdots,k)$ が直接決まったので自由度は $k-1$ となったが，もっと一般の場合には，p_i を決めるときに未知の母数を推定しないといけないときがある．そのときには，推定した母数の個数 l を自由度から引かないといけない．すなわち，比べる上側 α-点は $\chi^2(k-l-1;\alpha)$ となる．これは正規分布の近似のときの一般論から導かれるものである．適合度の考え方を拡張して，分割表の検定も考案されている．これらについては巻末の本を参照されたい．

適合度検定

　適合度検定は通常の検定とは，若干異なった使い方をされる．メンデルの実験によるデータでは，計算すると分かるように，χ_0^2 の値は，H_0 が正しいときの分布の平均に近い値をとっている．したがって，データは帰無仮説に非常に合っているといえる．統計的仮説検定は，本来は帰無仮説を棄却することを目指すものであるが，適合度検定は，仮説（モデル）の正しさの傍証（検定の性格から積極的に正しいとは主張できない）として利用されるときもある．モデルの選択については，情報量規準という統計的道具が近年提案され，モデルを構成するときに有効であることが示されている．

演 習 問 題

6.1 次のデータは母平均が 18.0 であるとされる母集団からの無作為標本である．帰無仮説 $H_0: \mu = 18.0$ を対立仮説 $H_1: \mu \neq 18.0$ に対して有意水準 5% で検定せよ．

  15.16, 26.06, 20.12, 19.91, 22.01, 21.26, 21.07, 26.31, 24.44, 18.14

6.2 不良率が 0.05 であるとされていた工程を，不良品が少なくなるように改善した．改善されたかどうか調べるために無作為に 500 個抽出して調べたところ，不良品が 10 個あった．工程は改善されたといえるか，二項分布の正規近似を利用して有意水準 5% で検定せよ．

6.3 ある工業製品の原料を A, B 2 社から購入している．2 社の原料の有効成分には差があるのではないかという指摘があったので，無作為に原料を抽出して有効成分を測定したところ次のデータが得られた．2 社の有効成分の分散は等しいものとして，母平均の差の検定を有意水準 5% で行え．

  $A(x)$: 16.55, 13.04, 16.92, 10.97, 12.53, 19.20, 21.67
      15.51, 19.71, 14.37, 11.90, 13.65
  $B(y)$: 22.74, 18.47, 19.65, 24.08, 18.41, 19.23, 19.35
      20.27, 19.29, 18.35, 20.03

6.4 前の問題で分散は完全に未知であるとして母平均の差の検定を有意水準 5% で行え．

6.5 メンデルの法則によるとエンドウ豆の 4 種類の豆（黄色・丸，黄色・しわ，緑・丸，緑・しわ）は 9:3:3:1 となるはずである．次のデータはこの法則に合っているか．適合度検定を有意水準 5% で行え．

表現型	黄色・丸	黄色・しわ	緑・丸	緑・しわ	計
観測度数	347	118	135	48	648

第7章

相関および回帰分析

　本章では，同じものについて2つ以上の測定値がある，多次元のデータに対しての統計的推測について学習する．ここでは2つの変量の関連を表す指標である**相関係数**についての推測，および1つの変量を他の変量で説明しようとする**回帰分析**について学ぶ．

　◆キーワード◆　標本相関係数，回帰分析，回帰直線，フィッシャーのz-変換，重回帰分析

■ 7.1 相 関 分 析

　第3章で学習した相関係数についての統計的推測を考える．データとして$(x_1, y_1), (x_2, y_2), \cdots, (x_n, y_n)$ の2つの変数の組がn個得られているときの解析である．得られたデータを，互いに独立で同じ2次元分布にしたがう確率ベクトル $(X_1, Y_1), (X_2, Y_2), \cdots, (X_n, Y_n)$ の実現値とみなして解析を行う．母集団分布が，平均，分散および共分散をもつものとすると，**母相関係数** ρ は第3章で定義したように

$$\rho = \frac{\mathrm{Cov}(X, Y)}{\sqrt{V(X)V(Y)}}$$

で与えられる．ここで $-1 \leq \rho \leq 1$ が成り立ち，$|\rho|$ が 0 に近ければ，X と Y は関連が薄いといえるし，1に近ければ関連が強いといえる．$Y = aX + b$ で $a > 0$ のときは $\rho = 1$，$a < 0$ のときは $\rho = -1$ となる．もとの母集団分布が2次元正規分布 $N_2(\mu_x, \mu_y, \sigma_x^2, \sigma_y^2, \rho)$ のときには，$\rho = 0$ と X と Y が独立であることとは同値である．第5章で学んだように $V(X)$, $V(Y)$, $\mathrm{Cov}(X, Y)$

の不偏推定量は

$$\widehat{V(X)} = \frac{1}{n-1}\sum_{i=1}^{n}(X_i - \overline{X})^2$$

$$\widehat{V(Y)} = \frac{1}{n-1}\sum_{i=1}^{n}(Y_i - \overline{Y})^2$$

$$\widehat{\mathrm{Cov}(X,Y)} = \frac{1}{n-1}\sum_{i=1}^{n}(X_i - \overline{X})(Y_i - \overline{Y})$$

であった．したがって母相関係数 ρ の推定量としては，分散および共分散に不偏推定量を代入した標本相関係数

$$R = \frac{\widehat{\mathrm{Cov}(X,Y)}}{\sqrt{\widehat{V(X)}\widehat{V(Y)}}} = \frac{S_{xy}}{\sqrt{S_{xx}S_{yy}}} \tag{7.1}$$

が使われる．ここで

$$S_{xx} = \sum_{i=1}^{n}(X_i - \overline{X})^2$$

$$S_{yy} = \sum_{i=1}^{n}(Y_i - \overline{Y})^2$$

$$S_{xy} = \sum_{i=1}^{n}(X_i - \overline{X})(Y_i - \overline{Y})$$

である．

● **母相関係数の点推定**　確率変数の実現値とみなすデータ $(x_1, y_1), (x_2, y_2), \cdots, (x_n, y_n)$ に対して，$\overline{x} = \sum_{i=1}^{n} x_i/n$，$\overline{y} = \sum_{i=1}^{n} y_i/n$ とおくとき，平方和

$$s_{xx} = \sum_{i=1}^{n}(x_i - \overline{x})^2 = \sum_{i=1}^{n} x_i^2 - \frac{\left(\sum_{i=1}^{n} x_i\right)^2}{n}$$

$$s_{yy} = \sum_{i=1}^{n}(y_i - \overline{y})^2 = \sum_{i=1}^{n} y_i^2 - \frac{\left(\sum_{i=1}^{n} y_i\right)^2}{n}$$

$$s_{xy} = \sum_{i=1}^{n}(x_i - \overline{x})(y_i - \overline{y}) = \sum_{i=1}^{n} x_i y_i - \frac{\left(\sum_{i=1}^{n} x_i\right)\left(\sum_{i=1}^{n} y_i\right)}{n}$$

を計算し，標本相関係数の実現値

$$r = \frac{s_{xy}}{\sqrt{s_{xx}s_{yy}}}$$

を母相関係数 ρ とみなす．R は一致推定量であるが，不偏推定量ではない．

例題 7.1

次のデータは男子学生 15 人の身長 (x) と体重 (y) を測定したものである．母相関係数を推定せよ．

表 7.1 男子学生の身長と体重

身長	179.3	172.5	165.8	171.8	169.1	169.5	173.3	174.0
体重	61.9	60.7	53.4	57.7	51.1	59.8	53.2	56.1
身長	169.6	171.6	167.3	174.9	168.4	173.5	181.9	
体重	61.9	59.4	48.3	56.8	57.5	64.1	66.7	

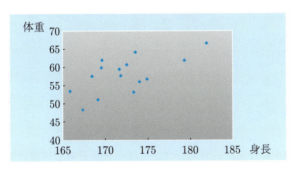

図 7.1 男子学生の身長と体重

解 データより

$$\overline{x} = 172.17, \quad \overline{y} = 57.91, \quad s_{xx} = 261.59, \quad s_{yy} = 346.97$$

$$s_{xy} = \sum_{i=1}^{15} x_i y_i - \frac{\left(\sum_{i=1}^{15} x_i\right)\left(\sum_{i=1}^{15} y_i\right)}{15} = 193.37$$

よって標本相関係数の実現値は

$$r = \frac{s_{xy}}{\sqrt{s_{xx}s_{yy}}} = 0.642$$

● **母相関係数の信頼区間** 信頼区間を構成するには，R の分布が必要になるが，正規分布を仮定しても，特別の場合を除いて正確な分布は求まらない．したがって正規分布を仮定しても，母相関係数 ρ の正確な信頼区間の構成はできないことになる．この問題に対しては，**フィッシャーの z-変換**と呼ばれる近似的な方法があり，標本数 n が大きいとき，かなりよい近似を与えることが知られている．これについては発展のところで論じる．

● **母相関係数の仮説検定** 式 (7.1) の標本相関係数 R の分布は，一般の母集団分布ではもとより，正規母集団を仮定しても求まらない．しかし，もし母相関係数が $\rho = 0$ で，母集団分布が 2 次元正規分布のときは次の定理が成り立つ．

定理 7.1 $(X_1, Y_1), (X_2, Y_2), \cdots, (X_n, Y_n)$ を互いに独立で同じ 2 次元正規分布 $N_2(\mu_x, \mu_y, \sigma_x^2, \sigma_y^2, \rho)$ にしたがう 2 次元確率ベクトルとする．さらにもし $\rho = 0$ であれば

$$\frac{\sqrt{n-2}\,R}{\sqrt{1-R^2}}$$

は自由度 $n-2$ の t-分布にしたがう．

証明 巻末の文献を参照のこと． ∎

上記の定理を使うと，母集団分布として，正規分布が仮定できるときには，帰無仮説 $H_0 : \rho = 0$ の検定を行うことができる．R の実現値を r，有意水準を α とするとき，対立仮説 $H_1 : \rho \neq 0$ の両側検定に対しては

$$\left| \frac{\sqrt{n-2}\,r}{\sqrt{1-r^2}} \right| \geq t\left(n-2; \frac{\alpha}{2}\right)$$

のとき有意水準 α で帰無仮説 H_0 を棄却するという検定が構成される．片側検定も同じように t-分布を使って検定できる．したがって正規母集団が仮定できるときは「2 つの変量に関係がない」という帰無仮説の正確な検定ができる．

例題 7.2

例題 7.1 のデータに対して，帰無仮説 $H_0 : \rho = 0$（すなわち身長と体重は関連がない）を，対立仮説 $H_1 : \rho \neq 0$ に対して有意水準 5% で検定せよ．

解 標本相関係数の実現値は $r = 0.642$ だったから検定統計量の実現値は

$$\left| \frac{\sqrt{n-2}\, r}{\sqrt{1-r^2}} \right| = 3.02$$

付表 3 より $t(13; 0.025) = 2.16$ だから，$\left|\frac{\sqrt{n-2}\,r}{\sqrt{1-r^2}}\right| \geq t(13; 0.025)$ となり，有意水準 5% で帰無仮説 H_0 は棄却される． ∎

$\rho = 0$ 以外の帰無仮説についての検定は，発展で述べるフィッシャーの z-変換を使って近似的な検定ができる．

7.2 回帰分析

回帰分析は，相関分析のときと同様にデータとしては 2 つの変量の n 個の組 $(x_1, y_1), (x_2, y_2), \cdots, (x_n, y_n)$ を分析の対象とし，一方の変量で他方を説明することを目的とする．具体的には x と y の関係を関数 $y = f(x)$ でとらえることを考える．もとは 2 次元の確率ベクトルであるが，$X = x$ が与えられたものとして $(x_1, Y_1), (x_2, Y_2), \cdots, (x_n, Y_n)$ に次の統計的モデルを仮定する．

$$Y_i = f(x_i) + \varepsilon_i \quad (i = 1, 2, \cdots, n) \tag{7.2}$$

ここで ε_i は互いに独立で，同じ正規分布 $N(0, \sigma_e^2)$ にしたがう確率変数とし，分散 σ_e^2 は未知とする．このとき (x_i, y_i) を (x_i, Y_i) の実現値と考えて，**最小 2 乗法**を使って

$$\sum_{i=1}^{n} \Big(y_i - f(x_i)\Big)^2$$

を最小にする $f(x)$ を求める．このようにして求めた関数 $f(x)$ を y の x への**回帰関数**と呼ぶ．一般の関数を決めるためには，すべての x について $f(x)$ の値を求めなければならず，これは現実のデータでは不可能である．そこでまず

考えられるのが

$$f(x) = \beta_0 + \beta_1 x$$

という**回帰直線**である．

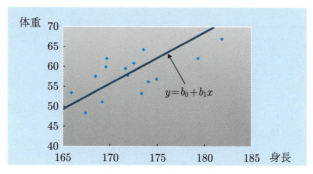

図 **7.2** 体重の身長への回帰直線

この直線の推定は

$$l(\beta_0, \beta_1) = \sum_{i=1}^{n}(y_i - \beta_0 - \beta_1 x_i)^2$$

とおくとき

$$\min_{\beta_0, \beta_1} l(\beta_0, \beta_1) \tag{7.3}$$

を満たす $\beta_0 = b_0$, $\beta_1 = b_1$ を求め，直線 $y = b_0 + b_1 x$ を求める回帰関数とする．これが**線形単回帰**と呼ばれる方法である．式 (7.3) の解は，$l(\beta_0, \beta_1)$ を β_0, β_1 の 2 変数関数として，最小値を求めればよい．極値をとるのは連立方程式

$$\frac{\partial l}{\partial \beta_0} = -2\sum_{i=1}^{n}(y_i - \beta_0 - \beta_1 x_i) = 0$$

$$\frac{\partial l}{\partial \beta_1} = -2\sum_{i=1}^{n}(y_i - \beta_0 - \beta_1 x_i)x_i = 0$$

の解である．この方程式の解は

$$s_{xx} = \sum_{i=1}^{n} x_i^2 - \frac{\left(\sum_{i=1}^{n} x_i\right)^2}{n}$$

7.2 回帰分析

$$s_{yy} = \sum_{i=1}^{n} y_i^2 - \frac{\left(\sum_{i=1}^{n} y_i\right)^2}{n}$$

$$s_{xy} = \sum_{i=1}^{n} x_i y_i - \frac{\left(\sum_{i=1}^{n} x_i\right)\left(\sum_{i=1}^{n} y_i\right)}{n}$$

を使うと

$$b_1 = \frac{s_{xy}}{s_{xx}} \tag{7.4}$$

$$b_0 = \overline{y} - b_1 \overline{x} = \overline{y} - \frac{s_{xy}}{s_{xx}} \overline{x} \tag{7.5}$$

で与えられる.ただし $\overline{x} = \sum_{i=1}^{n} x_i/n,\ \overline{y} = \sum_{i=1}^{n} y_i/n$ である.方程式はこのただ1組の解をもち,$\beta_0, \beta_1 \to \pm\infty$ のとき $l(\beta_0, \beta_1) \to \infty$ だから,解 (b_0, b_1) が式 (7.3) を満足するものである.このとき $y = b_0 + b_1 x$ が,求める y の x への回帰直線である.モデル (7.2) のもとでは,最小2乗法による推定は,最尤推定になっている.

次に推定値 b_0, b_1 の実現値 $\{y_i\}$ を,確率変数に置き換えた推定量 B_0, B_1 の性質を考えてみよう.$x_1, x_2, \cdots, x_n$ は与えられた定数とし,Y_i が正規分布 $N(\beta_0 + \beta_1 x_i, \sigma_e^2)$ にしたがう確率変数と考えると

$$S_{xy} = \sum_{i=1}^{n} x_i Y_i - \frac{\left(\sum_{i=1}^{n} x_i\right)\left(\sum_{i=1}^{n} Y_i\right)}{n}$$

$$S_{yy} = \sum_{i=1}^{n} Y_i^2 - \frac{\left(\sum_{i=1}^{n} Y_i\right)^2}{n}$$

$$B_1 = \frac{S_{xy}}{s_{xx}}$$

$$B_0 = \overline{Y} - B_1 \overline{x}$$

は確率変数で,s_{xx} は定数である.ここで残差平方和は

$$S_e = \sum_{i=1}^{n} (Y_i - B_0 - B_1 x_i)^2$$

となる(第6章(p.115)と式(6.2)を参照).これは分散 σ_e^2 に対する情報を

もっており

$$S_e = S_{yy} - \frac{S_{xy}^2}{s_{xx}}$$

の関係が成り立つ．

ここで平方和 S_{yy} は

$$S_{yy} = \sum_{i=1}^{n}(Y_i - \overline{Y})^2 = \sum_{i=1}^{n}(B_0 + B_1 x_i - \overline{Y})^2 + S_e$$

と分解できる．このとき右辺の第 1 項が第 2 項に比べて相対的に大きいほど，線形回帰モデルはデータに当てはまっていると考えられる．この当てはまりの尺度として

$$R^2 = \frac{\sum_{i=1}^{n}(B_0 + B_1 x_i - \overline{Y})^2}{\sum_{i=1}^{n}(Y_i - \overline{Y})^2} = \frac{S_{yy} - S_e}{S_{yy}} = 1 - \frac{S_e}{S_{yy}}$$

が利用される．この R^2 を**決定係数**（あるいは**寄与率**）と呼び，1 に近いほど線形回帰モデルがうまく当てはまっていると解釈される．

正規分布の性質より次の定理が成り立つ．

定理 7.2 B_0, B_1, S_e は次の性質をもつ．

(1) B_0 は正規分布 $N(\beta_0, (\frac{1}{n} + \frac{\overline{x}^2}{s_{xx}})\sigma_e^2)$ にしたがう．

(2) B_1 は正規分布 $N(\beta_1, \frac{1}{s_{xx}}\sigma_e^2)$ にしたがう．

(3) $x = x_0$ における $y_0 = \beta_0 + \beta_1 x_0$ の推定量 $Y_0 = B_0 + B_1 x_0$ は，正規分布

$$N\left(\beta_0 + \beta_1 x_0, \left(\frac{1}{n} + \frac{(x_0 - \overline{x})^2}{s_{xx}}\right)\sigma_e^2\right)$$

にしたがう．

(4) $\frac{S_e}{\sigma_e^2}$ は自由度 $n-2$ の χ^2-分布にしたがい，B_0 と S_e は独立で，また B_1 と S_e も独立である．

証明 巻末の本を参照のこと．

分散 σ_e^2 の不偏推定量は

$$V_e = \frac{S_e}{n-2}$$

で与えられる．これを使って各母数の信頼区間が作れる．

● **信頼区間** 定理 7.2 を使うと β_0, β_1 および特定の値 x_0 に対する

$$y_0 = \beta_0 + \beta_1 x_0$$

の信頼区間が構成できる．第 5 章の t-統計量による信頼区間の構成と同様に，それぞれの実現値 b_0, b_1, s_{xx}, v_e に対して信頼係数 $1-\alpha$ の信頼区間は

- $b_0 - t\left(n-2; \dfrac{\alpha}{2}\right) \sqrt{\left(\dfrac{1}{n} + \dfrac{\overline{x}^2}{s_{xx}}\right) v_e}$

  $\leqq \beta_0 \leqq b_0 + t\left(n-2; \dfrac{\alpha}{2}\right) \sqrt{\left(\dfrac{1}{n} + \dfrac{\overline{x}^2}{s_{xx}}\right) v_e}$

- $b_1 - t\left(n-2; \dfrac{\alpha}{2}\right) \sqrt{\dfrac{v_e}{s_{xx}}} \leqq \beta_1 \leqq b_1 + t\left(n-2; \dfrac{\alpha}{2}\right) \sqrt{\dfrac{v_e}{s_{xx}}}$

- $b_0 + b_1 x_0 - t\left(n-2; \dfrac{\alpha}{2}\right) \sqrt{\left(\dfrac{1}{n} + \dfrac{(x_0 - \overline{x})^2}{s_{xx}}\right) v_e}$

  $\leqq y_0 \leqq b_0 + b_1 x_0 + t\left(n-2; \dfrac{\alpha}{2}\right) \sqrt{\left(\dfrac{1}{n} + \dfrac{(x_0 - \overline{x})^2}{s_{xx}}\right) v_e}$

で与えられる．

例題 7.3

次のデータは 16 組の父子の身長を測定したものである．子の身長 (y) の父の身長 (x) への回帰直線 $y = \beta_0 + \beta_1 x$ を求めよ．また β_0 の信頼係数 95% の信頼区間を作れ．

表 7.2　父子の身長

父の身長 (x)	173.2	172.9	161.8	163.5	167.4	159.2	174.6	156.6
子の身長 (y)	182.0	178.6	167.5	172.9	171.9	163.3	179.9	168.7
父の身長 (x)	162.8	172.6	163.7	169.6	160.7	162.7	173.6	165.9
子の身長 (y)	171.7	174.2	171.0	181.2	172.4	168.9	177.2	167.5

解　データより

$$\overline{x} = 166.3, \quad \overline{y} = 173.06$$

$$s_{xx} = 501.22, \quad s_{yy} = 443.40, \quad s_{xy} = 386.08$$

$$b_1 = \frac{s_{xy}}{s_{xx}} = 0.77, \quad b_0 = \overline{y} - b_1 \overline{x} = 44.96$$

したがって y の x への回帰直線は

$$y = 44.96 + 0.77x$$

である．ここで

$$s_e = s_{yy} - \frac{s_{xy}^2}{s_{xx}} = 146.01$$

だから，決定係数は

$$r^2 = 1 - \frac{s_e}{s_{yy}} = 0.67$$

となる．また

$$v_e = \frac{s_e}{n-2} = 10.43$$

となるから，β_0 の信頼係数 95% の信頼区間は $-6.53 \leq \beta_0 \leq 96.45$ で与えられる．

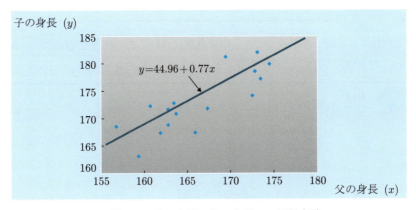

図 7.3　子の身長の父の身長への回帰直線

● **回帰係数の検定**　回帰係数に対する帰無仮説 $H_0 : \beta_1 = 0$ の検定を考えてみよう．この仮説は x の値に無関係に，y は β_0 のまわりに誤差を伴って分布していることを主張するものである．定理 7.2 より

$$\frac{B_1 - \beta_1}{\sqrt{V_e/s_{xx}}} \sim \quad 自由度\ n-2\ の\ t\text{-分布}$$

したがって対立仮説が $H_1 : \beta_1 \neq 0$ のときは，t-分布の上側 $\frac{\alpha}{2}$-点を使えば，実現値 b_1, v_e に対して

$$\left| \frac{b_1}{\sqrt{v_e/s_{xx}}} \right| \geq t\left(n-2; \frac{\alpha}{2}\right)$$

のとき有意水準 α で帰無仮説 H_0 は棄却される．同様に β_0 についての検定も構成できる．

> **例題 7.4**
>
> 例題 7.3 のデータに基づいて,回帰係数についての帰無仮説 $H_0 : \beta_1 = 0$ v.s. 対立仮説 $H_1 : \beta_1 \neq 0$ を有意水準 5% で検定せよ.

解 例題 7.3 の解より

$$b_1 = 0.77, \quad s_e = 146.01, \quad v_e = 10.43$$

したがって

$$\left| \frac{b_1}{\sqrt{v_e/s_{xx}}} \right| = 5.34$$

$$\geq 2.145$$

$$= t(14; 0.025)$$

となり,有意水準 5% で帰無仮説 $H_0 : \beta_1 = 0$ は棄却される.

回帰の由来

この章で学んだ相関および回帰の概念は F. ゴールトン (1822〜1911) により導入された概念である.彼は進化論に触発され,進化論を数学的に捉えようとして,様々な遺伝実験や大量の観測・測定をもとに,遺伝と進化の法則性を見出そうとした.その中で,父子の身長のデータを解析して,身長の高い父からは身長の高い子供が生まれる傾向はあるが,父ほどではなく,平均身長への回帰がみられることを見出している.この傾向は他の遺伝的要素にも当てはまることを,大量のデータをもとに主張した.彼は「種の起源」の著者ダーウィンの従兄弟で,ダーウィンと多くの遺伝実験を行っている.

7.3 発展1：フィッシャーの z-変換

相関係数の信頼区間の構成と，一般の帰無仮説 $H_0: \rho = \rho_0$（ρ_0 は既知の定数）についての仮説検定を考える．標本相関係数 R に対して次のフィッシャーの z-変換

$$Z = \frac{1}{2} \log \frac{1+R}{1-R} \tag{7.6}$$

を利用する．これは R が大きくなると Z も大きくなり，$-1 < R < 1$ から $-\infty < Z < \infty$ となる単調増加な変換である．また，母集団が2次元正規分布で標本数 n が大きいとき ζ（ゼータと読む）を

$$\zeta = \frac{1}{2} \log \frac{1+\rho}{1-\rho}$$

とおくと，近似的に

$$Z \approx N\left(\zeta, \frac{1}{n-3}\right)$$

である．これはフィッシャーによって提案された変換で，近似分布の分散の項が標本数だけで決まることから，分布の近似はかなりよいものであることが知られている．

● **相関係数の信頼区間**　z-変換の逆変換を使うと，母相関係数 ρ の近似信頼区間を求めることができる．式 (7.6) の逆変換は

$$R = \frac{e^{2Z}-1}{e^{2Z}+1}$$

となるから，$z_{\alpha/2}$ を標準正規分布の上側 $\frac{\alpha}{2}$-点とすると

$$1-\alpha \approx P\left(-z_{\alpha/2} \leq \sqrt{n-3}(Z-\zeta) \leq z_{\alpha/2}\right)$$

$$= P\left(Z - \frac{z_{\alpha/2}}{\sqrt{n-3}} \leq \zeta \leq Z + \frac{z_{\alpha/2}}{\sqrt{n-3}}\right)$$

$$= P\left(\frac{e^{2Z_1}-1}{e^{2Z_1}+1} \leq \rho \leq \frac{e^{2Z_2}-1}{e^{2Z_2}+1}\right)$$

となる．ただし

である. したがって標本相関係数の実現値

$$Z_1 = Z - \frac{z_{\alpha/2}}{\sqrt{n-3}}, \quad Z_2 = Z + \frac{z_{\alpha/2}}{\sqrt{n-3}}$$

$$r = \frac{s_{xy}}{\sqrt{s_{xx}s_{yy}}}$$

を計算し, Z_1, Z_2 の実現値

$$z_1 = \frac{1}{2}\log\frac{1+r}{1-r} - \frac{z_{\alpha/2}}{\sqrt{n-3}}$$

$$z_2 = \frac{1}{2}\log\frac{1+r}{1-r} + \frac{z_{\alpha/2}}{\sqrt{n-3}}$$

を求めると, ρ の信頼係数 $1-\alpha$ の信頼区間は

$$\frac{e^{2z_1}-1}{e^{2z_1}+1} \leqq \rho \leqq \frac{e^{2z_2}-1}{e^{2z_2}+1}$$

で与えられる.

例1 例題 7.1 のデータに基づいて, 母相関係数 ρ の信頼係数 95%の信頼区間を求めてみよう. 例題 7.1 より標本相関係数の実現値は $r = 0.642$ で, $n = 15$, $z_{0.025} = 1.96$ だから

$$z_1 = 0.196, \quad z_2 = 1.327$$

$$\frac{e^{2z_1}-1}{e^{2z_1}+1} = 0.19, \quad \frac{e^{2z_2}-1}{e^{2z_2}+1} = 0.87$$

したがって ρ の信頼係数 95%の信頼区間は $0.19 \leqq \rho \leqq 0.87$ となる.

● **相関係数の仮説検定** 帰無仮説 $H_0 : \rho = \rho_0$ (ρ_0 は既知の定数) の検定も, 標本数 n が大きいときフィッシャーの z-変換を使って近似的な検定ができる. $\zeta_0 = \frac{1}{2}\log\frac{1+\rho_0}{1-\rho_0}$ とするとき

$$U_0 = \sqrt{n-3}(Z-\zeta_0)$$

は H_0 が正しいとき, 標準正規分布 $N(0,1)$ にしたがう. したがって対立仮説が $H_1 : \rho \neq \rho_0$ のときは, U_0 の実現値 $u_0 = \sqrt{n-3}(z-\zeta_0)$ に対して $|u_0| \geqq z_{\alpha/2}$ のとき有意水準 α で H_0 を棄却する. ρ の信頼区間の幅がかなり広いことでも想像できるように, 標本数がかなり大きくないと検出力は小さい.

> **例題 7.5**
>
> 例題 7.1 のデータに基づいて，帰無仮説 $H_0 : \rho = 0$ v.s. 対立仮説 $H_1 : \rho \neq 0$ を有意水準 5% で検定せよ．

解 $r = 0.642$ より Z の実現値は

$$z = \frac{1}{2} \log \frac{1+r}{1-r} = 0.762$$

また

$$\zeta_0 = \frac{1}{2} \log \frac{1}{1} = 0$$

だから，U_0 の実現値は

$$u_0 = \sqrt{12}\, z = 2.638$$

となる．$z_{0.025} = 1.96$ より

$$|u_0| \geq z_{0.025}$$

となり，有意水準 5% で帰無仮説 H_0 は棄却される．これは 例題 7.2 の結論と一致している．

7.4 発展2：重回帰分析

単回帰分析では，データの組として2つの変量を考えたが，もっと一般に3つ以上の変量の組に対して，その中の1つを他の変量で説明しようというのが，**重回帰分析**である．ここでは3つの変量の場合について考えてみよう．データとして $(y_1, x_{11}, x_{21}), (y_2, x_{12}, x_{22}), \cdots, (y_n, x_{1n}, x_{2n})$ が得られたとする．このとき，y の x_1, x_2 への回帰として線形回帰関数

$$y = \beta_0 + \beta_1 x_1 + \beta_2 x_2$$

を考える．線形単回帰のときと同様に，最小2乗法を使って

$$\min_{\beta_0, \beta_1, \beta_2} l(\beta_0, \beta_1, \beta_2) = \min_{\beta_0, \beta_1, \beta_2} \sum_{i=1}^{n} (y_i - \beta_0 - \beta_1 x_{1i} - \beta_2 x_{2i})^2$$

の解 $\beta_0 = b_0, \beta_1 = b_1, \beta_2 = b_2$ を求める．この解は

$$\frac{\partial l}{\partial \beta_0} = -2\sum_{i=1}^{n}(y_i - \beta_0 - \beta_1 x_{1i} - \beta_2 x_{2i}) = 0$$

$$\frac{\partial l}{\partial \beta_1} = -2\sum_{i=1}^{n}(y_i - \beta_0 - \beta_1 x_{1i} - \beta_2 x_{2i})x_{1i} = 0$$

$$\frac{\partial l}{\partial \beta_2} = -2\sum_{i=1}^{n}(y_i - \beta_0 - \beta_1 x_{1i} - \beta_2 x_{2i})x_{2i} = 0$$

の連立方程式を解いて，極値を調べればよい．ここで

$$\overline{y} = \frac{1}{n}\sum_{i=1}^{n} y_i, \quad \overline{x}_1 = \frac{1}{n}\sum_{i=1}^{n} x_{1i}, \quad \overline{x}_2 = \frac{1}{n}\sum_{i=1}^{n} x_{2i}$$

$$s_{x_1 x_1} = \sum_{i=1}^{n}(x_{1i} - \overline{x}_1)^2$$

$$s_{x_2 x_2} = \sum_{i=1}^{n}(x_{2i} - \overline{x}_2)^2$$

$$s_{x_1 x_2} = \sum_{i=1}^{n}(x_{1i} - \overline{x}_1)(x_{2i} - \overline{x}_2)$$

$$s_{x_1 y} = \sum_{i=1}^{n}(x_{1i} - \overline{x}_1)(y_i - \overline{y})$$

$$s_{x_2 y} = \sum_{i=1}^{n}(x_{2i} - \overline{x}_2)(y_i - \overline{y})$$

とおくと，解は

$$b_0 = \overline{y} - b_1 \overline{x}_1 - b_2 \overline{x}_2$$

$$b_1 = \frac{s_{x_2 x_2} s_{x_1 y} - s_{x_1 x_2} s_{x_2 y}}{s_{x_1 x_1} s_{x_2 x_2} - s_{x_1 x_2}^2}$$

$$b_2 = \frac{s_{x_1 x_1} s_{x_2 y} - s_{x_1 x_2} s_{x_1 y}}{s_{x_1 x_1} s_{x_2 x_2} - s_{x_1 x_2}^2}$$

となる．したがって回帰関数は

$$y = b_0 + b_1 x_1 + b_2 x_2$$

で与えられる．

例題 7.6

次のデータはアメリカのある都市において，1日の平均気温 (x_1) および風力 (x_2) とその日のガスの消費量 (y) を調べたものである．y の x_1, x_2 への回帰関数を求めよ．

表 7.3 気温，風力とガスの消費量

気温 x_1(℃)	7.8	10.1	4.3	-2.0	3.8	-5.3	-3.9
風力 x_2(マイル/h)	8	6	6	1	16	16	10
ガス y (百万 m³)	16.7	14.6	20.1	24.0	24.3	32.9	25.4
気温 x_1(℃)	-17.2	-5.1	-17.8	7.4	0.0	-8.1	2.6
風力 x_2(マイル/h)	14	7	13	4	7	4	5
ガス y (百万 m³)	37.2	29.7	40.3	18.3	26.0	30.1	21.2

解 データより $n=14$ で
$$\overline{y} = 25.771, \quad \overline{x}_1 = -1.671, \quad \overline{x}_2 = 8.357$$

$S_{x_1 x_1} = \{7.8 - (-1.671)\}^2 + \{10.1 - (-1.671)\}^2 + \cdots + \{2.6 - (-1.671)\}^2$
$\qquad = 969.789$

$S_{x_2 x_2} = (8 - 8.357)^2 + (6 - 8.357)^2 + \cdots + (5 - 8.357)^2 = 291.214$

$S_{x_1 x_2} = \{7.8 - (-1.671)\}(8 - 8.357) + \cdots + \{2.6 - (-1.671)\}(5 - 8.357)$
$\qquad = -218.343$

$S_{x_1 y} = \{7.8 - (-1.671)\}(16.7 - 25.771) + \cdots$
$\qquad\quad + \{2.6 - (-1.671)\}(21.2 - 25.771)$
$\qquad = -823.809$

$S_{x_2 y} = (8 - 8.357)(16.7 - 25.771) + \cdots + (5 - 8.357)(21.2 - 25.771)$
$\qquad = 253.943$

したがって
$$b_0 = 22.094, \quad b_1 = -0.786, \quad b_2 = 0.283$$
となり，求める回帰関数は
$$y = 22.094 - 0.786 x_1 + 0.283 x_2$$
である．

演 習 問 題

7.1 次のフィッシャーの z-変換は r の関数として，単調増加関数であることを示せ．

$$f(r) = \frac{1}{2} \log \frac{1+r}{1-r} \quad (-1 < r < 1)$$

7.2 (x_i, y_i) $(i = 1, \cdots, 15)$ の 15 個の標本に基づく標本相関係数は $r = -0.785$ であった．母相関係数 ρ の信頼係数 95% の信頼区間を作れ．

7.3 式 (7.4)，式 (7.5) で与えられる b_0, b_1 が連立方程式の解であることを確かめよ．

7.4 次のデータはある成分の抽出工程における，添加剤の量 (x) と抽出量 (y) との関係を調べたものである．抽出量 (y) の添加剤の量 (x) への回帰直線を求めよ．

	1	2	3	4	5	6	7	8	9	10
添加剤の量 (x)	1.7	2.3	2.9	2.9	3.0	3.5	4.0	4.3	4.4	4.4
抽出量 (y)	70	81	95	79	85	100	97	102	107	115

7.5 上の 演習 7.4 のデータに基づいて，回帰係数に対しての帰無仮説 $H_0 : \beta_1 = 0$ v.s. 対立仮説 $H_1 : \beta_1 \neq 0$ を有意水準 5% で検定せよ．

付章

Rでの例題解析

ここでは第 5 章から第 7 章の例題について統計解析ソフト「R」を利用して解析する方法とその結果を掲載する．R はフリーの統計ソフトで，ホームページ「https://www.r-project.org/」から簡単にインストールできる．R は世界中の統計関係の研究者がボランティアで構築したものであり，随時更新されている．フリーソフトであるから，個人の責任で利用することになっており，結果に対して保証はされていない．プログラムのソースコードは見られるようになっているので，修正も可能である．関連する参考書も数多く出版されているので，書店で購入できる．またインターネット上でも多くの情報を得ることができる．ぜひ活用していただきたい．

■ A.1 第 5 章の例題

これから「R」を実際に利用して第 5 章から第 7 章の例題に適用していく．R に用意されているプログラムは同じ目的に対して複数存在する．またすぐに分かるように，本章の例題では「点推定」「信頼区間」「統計的仮説検定」がセットになっているものが多い．第 5 章の例には説明を付けるが，第 6 章以降は必要な点についてのみ注釈をつけることにする．また R では # 以降の文章はコメントとして扱われ，無視される．ここでは R の入・出力とは別であることを示すために # を使う．したがって実際の入・出力では # 以降は無関係の文章である．

● 例題 5.3 母平均の信頼区間（母分散が未知）

入力：

```
ex5.3=c(111.2, 110.6, 111.2, 103.3, 102.9, 108.5, 108.7, 103.2,
      100.8, 108.9)
t.test(ex5.3,conf.level=0.95) # （検定を行うとともに95%信頼区間を構築）
(t.test(ex5.3,conf.level=0.99) # （検定と99%信頼区間）
```

出力：

```
One Sample t-test # （一標本 t-検定を利用）
data: ex5.3
t = 85.637, df = 9, p-value = 2.045e-14 # ($t_0$ の実現値と有意確率)
alternative hypothesis: true mean is not equal to 0 # （両側対立仮説）
95 percent confidence interval:
104.1054 109.7546 # （95%の信頼区間 $104.1054 \leq \mu \leq 109.7546$）
sample estimates:
mean of x
106.93 # （標本平均の実現値）
```

出力：

```
99 percent confidence interval:
102.8721 110.9879 # （99%信頼区間 $102.8721 \leq \mu \leq 110.9879$）
```

●例題 5.4　母分散の信頼区間
入力：

```
library(EnvStats) # (事前にパッケージからインストールが必要)
ex5.4=c(7.3, 8.2, 7.7, 6.7, 9.4, 5.3, 8.8, 4.7, 11.5, 6.4, 6.9,
    10.7)
varTest(ex5.4,alternative = "two.sided",conf.level=0.95)
# (両側検定及び信頼区間)
```

出力：

```
Results of Hypothesis Test
--------------------------
Null Hypothesis: variance = 1 # (分散が 1 の帰無仮説 (今は関係ない))
Alternative Hypothesis: True variance is not equal to 1
Test Name: Chi-Squared Test on Variance
Estimated Parameter(s): variance = 4.174545 # (不偏標本分散の推定値)
Data: ex5.4
Test Statistic: Chi-Squared = 45.92 # (平方和)
Test Statistic Parameter: df = 11 # (自由度)
P-value: 6.680631e-06 # (母分散が 1 の帰無仮説に対する有意確率)
95% Confidence Interval: LCL = 2.094886 # (下側信頼限界)
UCL = 12.034337 # (上側信頼限界)
```

●例題 5.5 比率の信頼区間

入力：

```
prop.test(9,200,p=0.3,alt="t",conf.level=0.95,correct=F)
# (correct=Fの意味は正規近似の半数補正をしない)
```

出力：

```
Results of Hypothesis Test
--------------------------
Null Hypothesis: p = 0.3 # (比率が0.3の帰無仮説(今は関係ない))
Alternative Hypothesis: True p is not equal to 0.3
# (対立仮説(今は関係ない))
Test Name: 1-sample proportions test without continuity correction
Estimated Parameter(s): p = 0.045 # (比率の推定値)
Data: 9 out of 200, null probability 0.3 # (今は関係ない)
Test Statistic: X-squared = 61.92857
# (得られた検定統計量を2乗したもの(今は関係ない))
Test Statistic Parameter: df = 1 # (検定統計量の自由度)
P-value: 3.561444e-15 # (有意確率(今は関係ない))
95% Confidence Interval: LCL = 0.02385254 # (下側信頼限界)
UCL = 0.08329670 # (上側信頼限界)
```

[注意] $(LCL+UCL)/2 \neq 0.045$ となるから，テキストの第5章で議論した左右対称な信頼区間ではなく，ロジット変換と呼ばれる少し高度な手法を使って信頼区間を構成しているようである．

A.2　第 6 章の例題

● 例 1 および例 2　母平均の検定（母分散が既知）

入力：

```
library(BSDA) # (事前にパッケージからインストールが必要)
ex6=c(201.6,192.6,197.4,189.1,190.8,195.2,195.2,195.2,183.7,207.2,
      195.7,206.4,200.5,203.5,197.3)
z.test(ex6,alternative = "less",mu=200,sigma.x = 5,conf.level =
       0.95)
# (母分散既知, 母平均 $\mu_0 = 200$ の $H_1 : \mu < \mu_0$ の片側検定)
```

出力：

```
One-sample z-Test
data: ex6
z = -2.5097, p-value = 0.006042   # (有意確率)
alternative hypothesis: true mean is less than 200
95 percent confidence interval:
NA 198.8835 # (片側信頼区間 $-\infty < \mu \leq 198.8835$)
sample estimates:
mean of x
196.76 # (標本平均の実現値)
```

● 例題 6.1　母平均の検定（母分散が未知）

入力：

```
ex6.1=c(21.63,19.18,19.55,20.20,21.76,20.34,22.78,20.72,19.85,
        20.38)
t.test(ex6.1,alternative="two.sided",mu=20,conf.level = 0.95)
```

出力：

```
One Sample t-test
data: ex6.1
t = 1.8183, df = 9, p-value = 0.1024
alternative hypothesis: true mean is not equal to 20
95 percent confidence interval:
19.844 21.434
sample estimates:
mean of x
20.639
```

● 例題 6.2 　母分散の検定

入力：

```
library(EnvStats) # (事前にパッケージからインストールが必要)
ex6.2=c(50.61,49.12,50.72,50.15,49.74,51.20,50.14,50.36,50.17,
        49.79,50.06,49.70,52.18,50.05,49.97)
varTest(ex6.2,alternative = "less",conf.level = 0.95,sigma.squared
        = 2)
```

出力：

```
Results of Hypothesis Test
--------------------------
Null Hypothesis: variance = 2
Alternative Hypothesis: True variance is less than 2
Test Name: Chi-Squared Test on Variance
Estimated Parameter(s): variance = 0.5157971
Data: ex6.2
Test Statistic: Chi-Squared = 3.61058
Test Statistic Parameter: df = 14 # (自由度)
P-value: 0.002611013 # 有意確率
95% Confidence Interval: LCL = 0.000000
UCL = 1.099005 # (左片側信頼区間 $0 < \sigma^2 \leq 1.099005$)
```

A.2 第 6 章の例題

●例題 6.3 および例題 6.9　母平均の差の検定（母分散が既知）

入力：

```
library(BSDA) # (事前にパッケージからインストールが必要)
ex6.3a=c(306.6,299.1,296.8,294.6,296.8,306.7,298.2,297.1,297.3,
        306.2,309.3,304.1)
ex6.3b=c(312.3,324.5,313.9,329.9,312.2,318.6,320.3,326.3,310.3,
        334.8,323.7,330.8,315.2,316.1,316.6,312.5)
z.test(ex6.3a,ex6.3b,alternative = "two.sided",sigma.x=sqrt(40),
       sigma.y = sqrt(60),conf.level = 0.95)
```

出力：

```
Results of Hypothesis Test
--------------------------
Null Hypothesis: difference in means = 0
Alternative Hypothesis: True difference in means is not equal to 0
Test Name: Two-sample z-Test
Estimated Parameter(s): mean of x = 301.0667
mean of y = 319.8750
Data: ex6.3a and ex6.3b
Test Statistic: z = -7.066941
P-value: 1.583861e-12
95% Confidence Interval: LCL = -24.02469
UCL = -13.59198
```

●例題 6.4 および例題 6.10　母平均の差の検定および信頼区間（等分散）

入力：

```
ex6.4a=c(74,67,62,62,50,76,54,55,66,82)
ex6.4b=c(67,78,82,79,78,95,64,72,81,83,64,65)
t.test(ex6.4a,ex6.4b,alternative = "less",var.equal=TRUE,
       conf.level = 0.95)
```

出力：

```
Results of Hypothesis Test
--------------------------
Null Hypothesis: difference in means = 0
Alternative Hypothesis: True difference in means is less than 0
Test Name: Two Sample t-test
Estimated Parameter(s): mean of x = 64.80000
mean of y = 75.66667
Data: ex6.4a and ex6.4b
Test Statistic: t = -2.568745
Test Statistic Parameter: df = 20
P-value: 0.0091612
95% Confidence Interval: LCL = -Inf
UCL = -3.570522 # （片側信頼区間 $-\infty < \mu_x - \mu_y \leq -3.570522$）
```

● 例題 6.10 の続き　**両側信頼区間**

入力：

```
t.test(ex6.4a,ex6.4b,alternative = "two.sided",var.equal=TRUE,
       conf.level = 0.95)
```

出力：

```
Results of Hypothesis Test
--------------------------
Null Hypothesis: difference in means = 0
Alternative Hypothesis: True difference in means is not equal to 0
Test Name: Two Sample t-test
Estimated Parameter(s): mean of x = 64.80000
mean of y = 75.66667
Data: ex6.4a and ex6.4b
Test Statistic: t = -2.568745
Test Statistic Parameter: df = 20
P-value: 0.0183224
95% Confidence Interval: LCL = -19.691002
UCL = -2.042332 # （両側信頼区間 $-19.691002 \leq \mu_x - \mu_y \leq -2.042332$）
```

A.2 第 6 章の例題

● 例題 6.5 および例題 6.11

母平均の差の検定および信頼区間（ウェルチの方法）

入力：

```
ex6.5a=c(55.6,54.9,55.8,63.6,58.5,61.5,60.1,59.4,55.7,56.6,59.5)
ex6.5b=c(61.9,48.9,51.7,51.7,62.9,38.8,44.7,50.5,56.4,47.1)
t.test(ex6.5a,ex6.5b,alternative = "two.sided",conf.level = 0.95)
```

出力：

```
Results of Hypothesis Test
--------------------------
Null Hypothesis: difference in means = 0
Alternative Hypothesis: True difference in means is not equal to 0
Test Name: Welch Two Sample t-test
Estimated Parameter(s): mean of x = 58.29091
mean of y = 51.46000
Data: ex6.5a and ex6.5b
Test Statistic: t = 2.734825
Test Statistic Parameter: df = 11.32182   # ($t$-分布の近似の自由度)
P-value: 0.01896108
95% Confidence Interval: LCL = 1.352405
UCL = 12.309414
```

●例題 6.6　等分散の検定
入力：

```
ex6.5a=c(55.6,54.9,55.8,63.6,58.5,61.5,60.1,59.4,55.7,56.6,59.5)
ex6.5b=c(61.9,48.9,51.7,51.7,62.9,38.8,44.7,50.5,56.4,47.1)
var.test(ex6.5b,ex6.5a,conf.level = 0.95)
```

出力：

```
Results of Hypothesis Test
--------------------------
Null Hypothesis: ratio of variances = 1
Alternative Hypothesis: True ratio of variances is not equal to 1
Test Name: F test to compare two variances
Estimated Parameter(s): ratio of variances = 6.987157
Data: ex6.5b and ex6.5a
Test Statistic: F = 6.987157
Test Statistic Parameters: num df = 9 # （分子の自由度）
denom df = 10 # （分母の自由度）
P-value: 0.005445037
95% Confidence Interval: LCL = 1.848962
UCL = 27.696146
```

A.2 第 6 章の例題

● 例題 6.7 対応のあるデータの母平均の差の検定

入力：

```
ex6.7a=c(126,134,124,137,134,130,150,145,144,120,125)
ex6.7b=c(122,148,121,119,113,114,138,125,139,119,114)
t.test(ex6.7a,ex6.7b,alternative = "greater",paired =
       TRUE,conf.level = 0.95)
```

出力：

```
Results of Hypothesis Test
--------------------------
Null Hypothesis: difference in means = 0
Alternative Hypothesis: True difference in means is greater than 0
Test Name: Paired t-test
Estimated Parameter(s): mean of the differences = 8.818182
Data: ex6.7a and ex6.7b
Test Statistic: t = 2.81734
Test Statistic Parameter: df = 10
P-value: 0.009121874
95% Confidence Interval: LCL = 3.145238
UCL = Inf
```

● 例題 6.8 母比率の検定

入力：

```
prop.test(10,200,p=0.03,alt="t",conf.level=0.95,correct=F)
# （半数補正をしない）
```

出力：

```
Results of Hypothesis Test
--------------------------
Null Hypothesis: p = 0.03
Alternative Hypothesis: True p is not equal to 0.03
Test Name: 1-sample proportions test without continuity correction
Estimated Parameter(s): p = 0.05
Data: 10 out of 200, null probability 0.03
Test Statistic: X-squared = 2.749141
Test Statistic Parameter: df = 1
P-value: 0.0973067
95% Confidence Interval: LCL = 0.02738265
UCL = 0.08957815
```

● 例題 6.12　分散分析（一元配置）

入力：

```
ex6.12a=c(1,1,1,1,1,1,2,2,2,2,2,2,3,3,3,3,3,3,4,4,4,4,4,4)
ex6.12y=c(30.9,37.2,26.7,30.4,25.4,23.5,40.2,32.3,22.8,46.9,27.4,
          38.2,46.5,41.3,34.0,37.3,38.6,42.0,22.4,16.4,20.6,22.3,
          22.5,19.9)
ex6.12<-data.frame(A=ex6.12a, Y=ex6.12y)
ex6.12$A<-factor(ex6.12$A)
summary(aov(Y~A, data=ex6.12))
```

出力：

```
        Df Sum Sq Mean Sq F value  Pr(>F)
ex6.12a  3 1221.9   407.3   12.84 6.67e-05 ***
Residuals 20  634.3    31.7
---
Signif. codes:  0 '***' 0.001 '**' 0.01 '*' 0.05 '.' 0.1 ' '
# (*** は 0.1% で棄却)
```

A.2 第 6 章の例題

●例5　分散分析（二元配置，繰り返しなし）

入力：

```
Ad=c(1, 1, 1, 1, 1, 2, 2, 2, 2, 2, 3, 3, 3, 3, 3)
Bd=c(1, 2, 3, 4, 5, 1, 2, 3, 4, 5, 1, 2, 3, 4, 5)
Yd=c(4.7,4.5,4.4,4.8,4.6,4.4,4.4,4.2,4.3,4.2,5.1,5.2,4.9,5,5.3)
ex65<-data.frame(A=Ad, B=Bd, Y=Yd)
ex65$A<-factor(ex65$A)
ex65$B<-factor(ex65$B)
summary(aov(Y~A+B, data=ex65))
```

出力：

```
            Df Sum Sq Mean Sq F value Pr(>F)
A            2 1.6333  0.8167    49.0 3.24e-05 ***
B            4 0.1067  0.0267     1.6  0.265
Residuals    8 0.1333  0.0167
---
Signif. codes:  0 '***' 0.001 '**' 0.01 '*' 0.05 '.' 0.1
```

●例6，例7　適合度検定

入力：

```
ex67=c(25,13,10,12,20)
p=c(1/5,1/5,1/5,1/5,1/5)
chisq.test(ex6.13,p=p)
```

出力：

```
Results of Hypothesis Test
--------------------------
Alternative Hypothesis: 
Test Name: Chi-squared test for given probabilities
Data: ex67
Test Statistic: X-squared = 9.875
Test Statistic Parameter: df = 4
P-value: 0.04258676
```

A.3 第7章の例題

● 例題 7.1，例題 7.2 および例 1　母相関係数の点推定および検定

入力：

```
ex7.1a=c(179.3,172.5,165.8,171.8,169.1,169.5,173.3,174.0,169.6,
        171.6,167.3,174.9,168.4,173.5,181.9)
ex7.1b=c(61.9,60.7,53.4,57.7,51.1,59.8,53.2,56.1,61.9,
        59.4,48.3,56.8,57.5,64.1,66.7)
cor.test(ex7.1a,ex7.1b,alternative = "two.sided",conf.level
        0.95)
```

出力：

```
Results of Hypothesis Test
--------------------------
Null Hypothesis: correlation = 0 # (無相関の検定（今は関係ない))
Alternative Hypothesis: True correlation is not equal to 0
Test Name: Pearson's product-moment correlation
Estimated Parameter(s): cor = 0.6418561 # (相関係数の実現値)
Data: ex7.1a and ex7.1b
Test Statistic: t = 3.017957 # (検定統計量の実現値)
Test Statistic Parameter: df = 13
P-value: 0.009891319 # (有意確率)
95% Confidence Interval: LCL = 0.1930768
UCL = 0.8685429 # (フィシャーの $z$-変換による両側信頼区間)
```

● 例題 7.3　回帰直線の推定および β_0 の信頼区間

入力：

```
ex7.3a=c(173.2,172.9,161.8,163.5,167.4,159.2,174.6,156.6,162.8,
         172.6,163.7,169.6,160.7,162.7,173.6,165.9)
ex7.3b=c(182.0,178.6,167.5,172.9,171.9,163.3,179.9,168.7,171.7,
         174.2,171.0,181.2,172.4,168.9,177.2,167.5)
lm(ex7.3b ex7.3a)
confint.lm(lm(ex7.3b~ex7.3a),'(Intercept)',level = 0.95)
```

出力：

```
Call:
lm(formula = ex7.3b~ex7.3a)
Coefficients:
(Intercept) ex7.3a
44.9586 0.7703 # (回帰係数の推定値)
> confint.lm(lm(ex7.3b ex7.3a),'(Intercept)',level = 0.95)
2.5 % 97.5 %
(Intercept) -6.52092 96.43812
```

● 例題 7.4　回帰係数 β_1 の検定

入力：

```
ex7.3a=c(173.2,172.9,161.8,163.5,167.4,159.2,174.6,156.6,162.8,
       172.6,163.7,169.6,160.7,162.7,173.6,165.9)
ex7.3b=c(182.0,178.6,167.5,172.9,171.9,163.3,179.9,168.7,171.7,
       174.2,171.0,181.2,172.4,168.9,177.2,167.5)
summary.lm(lm(ex7.3b~ex7.3a))
```

出力：

```
Call:
lm(formula = ex7.3b~ex7.3a)
Residuals:
Min 1Q Median 3Q Max
-5.2481 -2.0252 0.1985 2.2793 5.6018
Coefficients:
Estimate Std.  Error t value Pr(>|t|)
(Intercept) 44.9586 24.0022 1.873 0.082084 .
ex7.3a 0.7703 0.1442 5.340 0.000104 ***
---
Signif. codes: 0 '***' 0.001 '**' 0.01 '*' 0.05 '.' 0.1 ' ' 1
Residual standard error: 3.229 on 14 degrees of freedom
Multiple R-squared: 0.6707, Adjusted R-squared: 0.6472
# (寄与率と修正寄与率)
F-statistic: 28.51 on 1 and 14 DF, p-value: 0.0001043
```

[注意] 寄与率はこの回帰直線で説明できるデータのバラツキの割合を表す．

A.3 第 7 章の例題

● 例題 7.5　フィッシャーの z-変換に基づく検定

入力：

```
library(psych) # (事前にパッケージからインストールが必要))
ex7.1a=c(179.3,172.5,165.8,171.8,169.1,169.5,173.3,174.0,169.6,
        171.6,167.3,174.9,168.4,173.5,181.9)
ex7.1b=c(61.9,60.7,53.4,57.7,51.1,59.8,53.2,56.1,61.9,
        59.4,48.3,56.8,57.5,64.1,66.7)
sqrt(12)*1/2*log((1+cor(ex7.1a,ex7.1b))/(1-cor(ex7.1a,ex7.1b)))
```

出力：

```
[1] 2.637304 # (検定統計量の実現値)
```

● 例題 7.6　重回帰分析

入力：

```
ex7.6a=c(7.8,10.1,4.3,-2.0,3.8,-5.3,-3.9,-17.2,-5.1,-17.8,7.4,0.0,
        -8.1,2.6)
ex7.6b=c(8,6,6,1,16,16,10,14,7,13,4,7,4,5)
ex7.6c=c(16.7,14.6,20.1,24.0,24.3,32.9,25.4,37.2,29.7,40.3,18.3,
        26.0,30.1,21.2)
x1<-ex7.6a
x2<-ex7.6b
y<-ex7.6c
lm(y~x1+x2) # ($y$ の $x_1, x_2$ への回帰)
```

出力：

```
Call:
lm(formula = y~x1 + x2)
Coefficients:
(Intercept) x1 x2
22.0942 -0.7858 0.2829 # (各係数 $\beta_0, \beta_1, \beta_2$ の推定値)
```

演習問題の解答

第1章

1.1
$$A \cap (B \cup C) = (A \cap B) \cup (A \cap C)$$
$$(A \cap B) \cap (A \cap C) = A \cap (B \cap C)$$
を使えばよい．

1.2
$$P(A \cap B \cap C) = P(A)P(B)P(C) = P(A)P(B \cap C)$$
だから A と $B \cap C$ は独立．
$$P\bigl(A \cap (B \cup C)\bigr) = P(A \cap B) + P(A \cap C) - P(A \cap B \cap C)$$
が成り立ち，独立性を使うと右辺は
$$P(A)\{P(B) + P(C) - P(B \cap C)\} = P(A)P(B \cup C)$$

1.3 (1) $\frac{2}{11}$
(2) $\frac{6}{11}$

1.4 略

1.5 事象 A, B, C をそれぞれ A, B, C がくじに当たる確率とする．このとき 例題 1.1 より
$$P(A) = P(B) = \frac{k}{n}$$
となる．
$$P(C) = P(A \cap B \cap C) + P(A \cap B^c \cap C) + P(A^c \cap B \cap C) + P(A^c \cap B^c \cap C)$$
であるから，それぞれの確率を式 (1.3) を利用して求めればよい．

第 2 章

2.1 $c = \frac{2}{9}$, また分布関数は
$$F(x) = \begin{cases} 0 & (x < 0) \\ \frac{2}{9}(\frac{3}{2}x^2 - \frac{1}{3}x^3) & (0 \leq x \leq 3) \\ 1 & (3 < x) \end{cases}$$

2.2 分布関数の定義と変数変換 $s = -t$ より
$$F(-x) = \int_{-\infty}^{-x} f(t)\,dt = \int_x^{\infty} f(-s)\,ds$$
$f(-s) = f(s)$ より
$$\int_x^{\infty} f(-s)\,ds = \int_{-\infty}^{\infty} f(s)\,ds - \int_{-\infty}^x f(s)\,ds$$
これらを使うと示せる.

2.3 正規分布の再生性(式 (2.3))より $X + Y$ は正規分布 $N(5, 25 = 5^2)$ にしたがう. 標準化を利用して (1) 0.3446, (2) 0.2347.

2.4 正規分布にしたがう無作為標本の標本平均 $\overline{X}$ の分布は $N(0, \frac{1}{n})$ だから, 標準化すると $\sqrt{n}(\overline{X})$ は標準正規分布にしたがう.
よって (1) 0.6826, (2) 0.8414, (3) 0.9742.

2.5 F-分布の導出法より $\frac{X_1}{14} / \frac{X_2}{20}$ は自由度 (14, 20) の F-分布にしたがう. よって $f = 2.191$.

第 3 章

3.1 X の分布は第 2 章の表 2.1 だから
$$E(X) = \frac{1}{36}(2 \times 1 + 3 \times 2 + \cdots + 12 \times 1) = 7$$

3.2 $U_1, U_2, \cdots, U_n$ を互いに独立で同じ標準正規分布 $N(0, 1)$ にしたがう確率変数とすると $\sum_{i=1}^{n} U_i^2$ が自由度 n の χ^2-分布にしたがう.
$$E(U_i^2) = V(U_i) = 1$$
だから期待値の線形性より
$$E\left(\sum_{i=1}^{n} U_i^2\right) = \sum_{i=1}^{n} E(U_i^2) = n$$

3.3 $P(X = x_i) = p_i$ $(1 \leq i \leq n)$ とおくと
$$P(aX + b = ax_i + b) = p_i$$
であるから期待値の定義より
$$E(aX + b) = \sum_{i=1}^{n}(ax_i + b)p_i$$
よって $\sum$ の性質を使って示せる．

3.4 $Z = aX + bY$ とおくと分散の性質（定理 3.2）より
$$V(Z + c) = V(Z)$$
また $U = aX$, $W = bY$ とおくと
$$V(Z) = V(U + W) = V(U) + V(W) + 2\operatorname{Cov}(U, W)$$
さらに共分散の性質（定理 3.3）を使えばよい．

3.5 共分散の性質（定理 3.3）より
$$\begin{aligned}\operatorname{Cov}(U, W) &= \operatorname{Cov}(X + Y, X - Y) \\ &= \operatorname{Cov}(X, X - Y) + \operatorname{Cov}(Y, X - Y) \\ &= \operatorname{Cov}(X, X) - \operatorname{Cov}(X, Y) + \operatorname{Cov}(Y, X) - \operatorname{Cov}(Y, Y) \\ &= V(X) - V(Y) \\ &= 0\end{aligned}$$

第 5 章

5.1 付表 1 より $P(|X| \geq 1.96) = 0.05$．
またチェビシェフの不等式より
$$P(|X| \geq 1.96) = \frac{V(X)}{1.96^2} = \frac{1}{1.96^2} = 0.2603$$
よってこの場合，チェビシェフの不等式の上限はかなり大きな値であることが分かる．

5.2 $Y_i = (X_i - \mu)^2$ $(i = 1, 2, \cdots, n)$ とおくと，$Y_1, Y_2, \cdots, Y_n$ は互いに独立で同じ分布にしたがう確率変数となる．この $\{Y_i\}$ $(1 \leq i \leq n)$ の標本平均を考えればよい．

5.3 期待値の線形性より
$$E\left(\frac{X}{n}\right) = \frac{1}{n}E(X)$$
で二項分布の平均は $E(X) = np$ であったから，不偏推定量である．

5.4 尤度関数を求めて,母数 θ で微分して 0 とおいた解は
$$\widehat{\theta} = \frac{1}{\overline{x}} = \left(\frac{1}{n}\sum_{i=1}^{n} x_i\right)^{-1}$$
であり,この $\widehat{\theta}$ で尤度関数が最大となることが分かる.最尤推定量は $1/\overline{X}$.

5.5 母分散が既知のときの信頼区間の幅は $2 \times z_{\alpha/2} \times \frac{\sigma}{\sqrt{n}}$ であるから,この場合は $2 \times 1.96 \times \frac{1}{\sqrt{n}}$. よって
$$2 \times 1.96 \times \frac{1}{\sqrt{n}} \leq 1, \quad (3.92)^2 \leq n$$
したがって 16 以上必要.

第 6 章

6.1 データより
$$\overline{x} = 21.448, \quad s = 108.967, \quad v = 12.107$$
だから
$$|t_0| = 3.134 \geq t(9; 0.025)$$
有意水準 5% で帰無仮説 H_0 は棄却される.

6.2 帰無仮説 $H_0 : p = 0.05$ v.s. 対立仮説 $H_1 : p < 0.05$ を有意水準 5% で検定する.
$$\frac{x - np_0}{\sqrt{np_0(1-p_0)}} = -3.078 \leq -z_{0.05}$$
有意水準 5% で帰無仮説 H_0 は棄却される.工程は改善された.

6.3 帰無仮説 $H_0 : \mu_1 = \mu_2$ v.s. 対立仮説 $H_1 : \mu_1 \neq \mu_2$ を有意水準 5% で検定する.データより
$$\overline{x} = 15.502, \quad s_1 = 125.655,$$
$$\overline{y} = 19.988, \quad s_2 = 33.460,$$
$$v = 7.577$$
したがって $|t_0| = 3.905 \geq t(21; 0.025)$ となり,有意水準 5% で帰無仮説 H_0 は棄却される.

6.4 演習 6.3 より $v_1 = 11.423, v_2 = 3.346$ だから $\widetilde{T}_0$ の自由度は $d = 17.22$. 付表 3 より少数自由度の上側 2.5% 点は
$$t(17.22; 0.025) = 0.78 \times t(17; 0.025) + 0.22 \times t(18; 0.025) = 2.108$$
また $|\widetilde{t}_0| = 4.003$ だから,有意水準 5% で帰無仮説 H_0 は棄却される.

6.5 「帰無仮説 H_0 : 4 種類の豆は $9:3:3:1$ v.s. 対立仮説 $H_1 : H_0$ ではない」を有意水準 5% で検定する．期待度数を求めると

表現型	黄色・丸	黄色・しわ	緑・丸	緑・しわ	計
観測度数	347	118	135	48	648
期待度数	364.5	121.5	121.5	40.5	648

したがって

$$\chi_0^2 = \frac{(347-364.5)^2}{364.5} + \frac{(118-121.5)^2}{121.5} + \frac{(135-121.5)^2}{121.5} + \frac{(48-40.5)^2}{40.5}$$
$$= 3.830$$
$$\leqq \chi^2(3; 0.05)$$

有意水準 5% で帰無仮説 H_0 は棄却されない．

第 7 章

7.1 $f(r)$ を r で微分すると

$$f'(r) = \frac{1}{1-r^2} > 0 \quad (-1 < r < 1)$$

したがって $f(r)$ は単調増加関数．

7.2 フィッシャーの z-変換より

$$z = \frac{1}{2} \log \frac{1+r}{1-r} = -1.0584$$

だから

$$z_1 = z - \frac{1.96}{\sqrt{12}} = -1.624, \quad z_2 = z + \frac{1.96}{\sqrt{12}} = -0.492$$

$$\frac{e^{2z_1}-1}{e^{2z_1}+1} = -0.925, \quad \frac{e^{2z_2}-1}{e^{2z_2}+1} = -0.456$$

すなわち母相関係数 ρ の信頼係数 95% の信頼区間は $-0.925 \leqq \rho \leqq -0.456$．

7.3 略

7.4 データより

$$\overline{x} = 3.34, \ \overline{y} = 93.1,$$

$$s_{xx} = 7.904, \ s_{yy} = 1762.9, \ s_{xy} = 108.76$$

したがって $b_1 = 13.760, b_0 = 47.141$ となり，求める回帰直線は

$$y = 47.141 + 13.760x$$

7.5 演習 7.4 より $s_e = 266.349$, $v_e = 33.294$ であるから

$$|t_0| = \left|\frac{b_1 - \beta_1}{\sqrt{v_e/s_{xx}}}\right| = |6.704| \geqq t(8; 0.025)$$

有意水準 5% で帰無仮説 H_0 は棄却される.

付　表

付表1　正規分布の上側確率 α

$\alpha\ :\ P(Z \geq z) = \alpha$

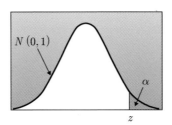

z	0.00	0.01	0.02	0.03	0.04	0.05	0.06	0.07	0.08	0.09
0.0	0.5000	0.4960	0.4920	0.4880	0.4840	0.4801	0.4761	0.4721	0.4681	0.4641
0.1	0.4602	0.4562	0.4522	0.4483	0.4443	0.4404	0.4364	0.4325	0.4286	0.4247
0.2	0.4207	0.4168	0.4129	0.4090	0.4052	0.4013	0.3974	0.3936	0.3897	0.3859
0.3	0.3821	0.3783	0.3745	0.3707	0.3669	0.3632	0.3594	0.3557	0.3520	0.3483
0.4	0.3446	0.3409	0.3372	0.3336	0.3300	0.3264	0.3228	0.3192	0.3156	0.3121
0.5	0.3085	0.3050	0.3015	0.2981	0.2946	0.2912	0.2877	0.2843	0.2810	0.2776
0.6	0.2743	0.2709	0.2676	0.2643	0.2611	0.2578	0.2546	0.2514	0.2483	0.2451
0.7	0.2420	0.2389	0.2358	0.2327	0.2296	0.2266	0.2236	0.2206	0.2177	0.2148
0.8	0.2119	0.2090	0.2061	0.2033	0.2005	0.1977	0.1949	0.1922	0.1894	0.1867
0.9	0.1841	0.1814	0.1788	0.1762	0.1736	0.1711	0.1685	0.1660	0.1635	0.1611
1.0	0.1587	0.1562	0.1539	0.1515	0.1492	0.1469	0.1446	0.1423	0.1401	0.1379
1.1	0.1357	0.1335	0.1314	0.1292	0.1271	0.1251	0.1230	0.1210	0.1190	0.1170
1.2	0.1151	0.1131	0.1112	0.1093	0.1075	0.1056	0.1038	0.1020	0.1003	0.0985
1.3	0.0968	0.0951	0.0934	0.0918	0.0901	0.0885	0.0869	0.0853	0.0838	0.0823
1.4	0.0808	0.0793	0.0778	0.0764	0.0749	0.0735	0.0721	0.0708	0.0694	0.0681
1.5	0.0668	0.0655	0.0643	0.0630	0.0618	0.0606	0.0594	0.0582	0.0571	0.0559
1.6	0.0548	0.0537	0.0526	0.0516	0.0505	0.0495	0.0485	0.0475	0.0465	0.0455
1.7	0.0446	0.0436	0.0427	0.0418	0.0409	0.0401	0.0392	0.0384	0.0375	0.0367
1.8	0.0359	0.0351	0.0344	0.0336	0.0329	0.0322	0.0314	0.0307	0.0301	0.0294
1.9	0.0287	0.0281	0.0274	0.0268	0.0262	0.0256	0.0250	0.0244	0.0239	0.0233
2.0	0.0228	0.0222	0.0217	0.0212	0.0207	0.0202	0.0197	0.0192	0.0188	0.0183
2.1	0.0179	0.0174	0.0170	0.0166	0.0162	0.0158	0.0154	0.0150	0.0146	0.0143
2.2	0.0139	0.0136	0.0132	0.0129	0.0125	0.0122	0.0119	0.0116	0.0113	0.0110
2.3	0.0107	0.0104	0.0102	0.0099	0.0096	0.0094	0.0091	0.0089	0.0087	0.0084
2.4	0.0082	0.0080	0.0078	0.0075	0.0073	0.0071	0.0069	0.0068	0.0067	0.0064
2.5	0.0062	0.0060	0.0059	0.0057	0.0055	0.0054	0.0052	0.0051	0.0049	0.0048
2.6	0.0047	0.0045	0.0044	0.0043	0.0041	0.0040	0.0039	0.0038	0.0037	0.0036
2.7	0.0035	0.0034	0.0033	0.0032	0.0031	0.0030	0.0029	0.0028	0.0027	0.0026
2.8	0.0026	0.0025	0.0024	0.0023	0.0023	0.0022	0.0021	0.0021	0.0020	0.0019
2.9	0.0019	0.0018	0.0018	0.0017	0.0016	0.0016	0.0015	0.0015	0.0014	0.0014
3.0	0.0013	0.0013	0.0013	0.0012	0.0012	0.0011	0.0011	0.0011	0.0010	0.0010
3.1	0.0010	0.0009	0.0009	0.0009	0.0008	0.0008	0.0008	0.0008	0.0007	0.0007
3.2	0.0007	0.0007	0.0006	0.0006	0.0006	0.0006	0.0006	0.0005	0.0005	0.0005
3.3	0.0005	0.0005	0.0005	0.0004	0.0004	0.0004	0.0004	0.0004	0.0004	0.0003
3.4	0.0003	0.0003	0.0003	0.0003	0.0003	0.0003	0.0003	0.0003	0.0003	0.0002
3.5	0.0002	0.0002	0.0002	0.0002	0.0002	0.0002	0.0002	0.0002	0.0002	0.0002
3.6	0.0002	0.0002	0.0001	0.0001	0.0001	0.0001	0.0001	0.0001	0.0001	0.0001
3.7	0.0001	0.0001	0.0001	0.0001	0.0001	0.0001	0.0001	0.0001	0.0001	0.0001

付表2　正規分布の上側 α-点 z_α

$z_\alpha \; : \; P(Z \geq z_\alpha) = \alpha$

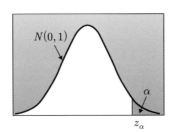

α	0.20	0.15	0.10	0.05	0.025	0.01	0.005
z_α	0.8416	1.0364	1.2816	1.6449	1.9600	2.3263	2.5758

付表 3　t-分布の上側確率 α-点 $t(n;\alpha)$

$t(n;\alpha) : P\bigl(T \geq t(n;\alpha)\bigr) = \alpha$

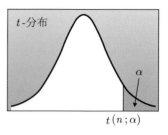

α \ n	0.1	0.050	0.025	0.010	0.005
1	3.078	6.314	12.706	31.821	63.657
2	1.886	2.920	4.303	6.965	9.925
3	1.638	2.353	3.182	4.541	5.841
4	1.533	2.132	2.776	3.747	4.604
5	1.476	2.015	2.571	3.365	4.032
6	1.440	1.943	2.447	3.143	3.707
7	1.415	1.895	2.365	2.998	3.499
8	1.397	1.860	2.306	2.896	3.355
9	1.383	1.833	2.262	2.821	3.250
10	1.372	1.812	2.228	2.764	3.169
11	1.363	1.796	2.201	2.718	3.106
12	1.356	1.782	2.179	2.681	3.055
13	1.350	1.771	2.160	2.650	3.012
14	1.345	1.761	2.145	2.624	2.977
15	1.341	1.753	2.131	2.602	2.947
16	1.337	1.746	2.120	2.583	2.921
17	1.333	1.740	2.110	2.567	2.898
18	1.330	1.734	2.101	2.552	2.878
19	1.328	1.729	2.093	2.539	2.861
20	1.325	1.725	2.086	2.528	2.845
21	1.323	1.721	2.080	2.518	2.831
22	1.321	1.717	2.074	2.508	2.819
23	1.319	1.714	2.069	2.500	2.807
24	1.318	1.711	2.064	2.492	2.797
25	1.316	1.708	2.060	2.485	2.787
26	1.315	1.706	2.056	2.479	2.779
27	1.314	1.703	2.052	2.473	2.771
28	1.313	1.701	2.048	2.467	2.763
29	1.311	1.699	2.045	2.462	2.756
30	1.310	1.697	2.042	2.457	2.750
31	1.309	1.696	2.040	2.453	2.744
32	1.309	1.694	2.037	2.449	2.738
33	1.308	1.692	2.035	2.445	2.733
34	1.307	1.691	2.032	2.441	2.728
35	1.306	1.690	2.030	2.438	2.724
36	1.306	1.688	2.028	2.434	2.719
37	1.305	1.687	2.026	2.431	2.715
38	1.304	1.686	2.024	2.429	2.712
39	1.304	1.685	2.023	2.426	2.708
40	1.303	1.684	2.021	2.423	2.704
60	1.296	1.671	2.000	2.390	2.660
120	1.289	1.658	1.980	2.358	2.617
∞	1.282	1.645	1.960	2.326	2.576

付表 4 χ^2-分布の上側 α-点 $\chi^2(n;\alpha)$

$\chi^2(n;\alpha)$: $P\left(\chi^2 \geq \chi^2(n;\alpha)\right) = \alpha$

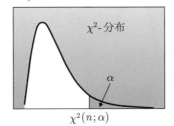

α / n	0.995	0.99	0.975	0.95	0.05	0.025	0.01	0.005
1	0.0⁴3927†	0.0³15709	0.0³9821	0.0²3932	3.841	5.024	6.635	7.879
2	0.010025	0.020101	0.05064	0.10259	5.991	7.378	9.210	10.597
3	0.07172	0.11483	0.2158	0.3518	7.815	9.348	11.345	12.838
4	0.20699	0.29711	0.4844	0.7107	9.488	11.143	13.277	14.86
5	0.4117	0.5543	0.8312	1.1455	11.07	12.833	15.086	16.75
6	0.6757	0.8721	1.2373	1.6354	12.592	14.449	16.812	18.548
7	0.9893	1.239	1.6899	2.1673	14.067	16.013	18.475	20.278
8	1.3444	1.6465	2.1797	2.7326	15.507	17.535	20.09	21.955
9	1.7349	2.0879	2.7004	3.325	16.919	19.023	21.666	23.589
10	2.1559	2.5582	3.247	3.940	18.307	20.483	23.209	25.188
11	2.6032	3.0535	3.816	4.575	19.675	21.92	24.725	26.757
12	3.0738	3.571	4.404	5.226	21.026	23.337	26.217	28.300
13	3.565	4.107	5.009	5.892	22.362	24.736	27.688	29.819
14	4.075	4.660	5.629	6.571	23.685	26.119	29.141	31.319
15	4.601	5.229	6.262	7.261	24.996	27.488	30.578	32.800
16	5.142	5.812	6.908	7.962	26.296	28.845	32.00	34.27
17	5.697	6.408	7.564	8.672	27.587	30.191	33.41	35.72
18	6.265	7.015	8.231	9.390	28.869	31.526	34.81	37.16
19	6.844	7.633	8.907	10.117	30.144	32.85	36.19	38.58
20	7.434	8.260	9.591	10.851	31.41	34.17	37.57	40.00
21	8.034	8.897	10.283	11.591	32.67	35.48	38.93	41.40
22	8.643	9.542	10.982	12.338	33.92	36.78	40.29	42.80
23	9.260	10.196	11.689	13.091	35.17	38.08	41.64	44.18
24	9.886	10.856	12.401	13.848	36.42	39.36	42.98	45.56
25	10.520	11.524	13.120	14.611	37.65	40.65	44.31	46.93
26	11.160	12.198	13.844	15.379	38.89	41.92	45.64	48.29
27	11.808	12.879	14.573	16.151	40.11	43.19	46.96	49.64
28	12.461	13.565	15.308	16.928	41.34	44.46	48.28	50.99
29	13.121	14.256	16.047	17.708	42.56	45.72	49.59	52.34
30	13.787	14.953	16.791	18.493	43.77	46.98	50.89	53.67
31	14.458	15.655	17.539	19.281	44.99	48.23	52.19	55.00
32	15.134	16.362	18.291	20.072	46.19	49.48	53.49	56.33
33	15.815	17.074	19.047	20.867	47.40	50.73	54.78	57.65
34	16.501	17.789	19.806	21.664	48.60	51.97	56.06	58.96
35	17.192	18.509	20.569	22.465	49.80	53.20	57.34	60.27
36	17.887	19.233	21.336	23.269	51.00	54.44	58.62	61.58
37	18.586	19.960	22.106	24.075	52.19	55.67	59.89	62.88
38	19.289	20.691	22.878	24.884	53.38	56.9	61.16	64.18
39	19.996	21.426	23.654	25.695	54.57	58.12	62.43	65.48
40	20.707	22.164	24.433	26.509	55.76	59.34	63.69	66.77
50	27.991	29.707	32.36	34.76	67.50	71.42	76.15	79.49
60	35.53	37.48	40.48	43.19	79.08	83.30	88.38	91.95
70	43.28	45.44	48.76	51.74	90.53	95.02	100.43	104.21
80	51.17	53.54	57.15	60.39	101.88	106.63	112.33	116.32
90	59.20	61.75	65.65	69.13	113.15	118.14	124.12	128.30
100	67.33	70.06	74.22	77.93	124.34	129.56	135.81	140.17

† 0.0⁴3927 とは 0.00003927 の意味.

付表 5　F-分布の上側 α-点　$F(m,n;\alpha)$

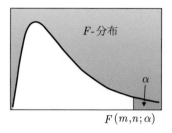

$\alpha = 0.05$

m n	1	2	3	4	5	6	7	8	9	10
1	161.4	199.5	215.7	224.6	230.2	234.0	236.8	238.9	240.5	241.9
2	18.51	19.00	19.16	19.25	19.30	19.33	19.35	19.37	19.38	19.40
3	10.13	9.552	9.277	9.117	9.013	8.941	8.887	8.845	8.812	8.786
4	7.709	6.944	6.591	6.388	6.256	6.163	6.094	6.041	5.999	5.964
5	6.608	5.786	5.409	5.192	5.050	4.950	4.876	4.818	4.772	4.735
6	5.987	5.143	4.757	4.534	4.387	4.284	4.207	4.147	4.099	4.060
7	5.591	4.737	4.347	4.120	3.972	3.866	3.787	3.726	3.677	3.637
8	5.318	4.459	4.066	3.838	3.687	3.581	3.500	3.438	3.388	3.347
9	5.117	4.256	3.863	3.633	3.482	3.374	3.293	3.230	3.179	3.137
10	4.965	4.103	3.708	3.478	3.326	3.217	3.135	3.072	3.020	2.978
11	4.844	3.982	3.587	3.357	3.204	3.095	3.012	2.948	2.896	2.854
12	4.747	3.885	3.490	3.259	3.106	2.996	2.913	2.849	2.796	2.753
13	4.667	3.806	3.411	3.179	3.025	2.915	2.832	2.767	2.714	2.671
14	4.600	3.739	3.344	3.112	2.958	2.848	2.764	2.699	2.646	2.602
15	4.543	3.682	3.287	3.056	2.901	2.790	2.707	2.641	2.588	2.544
16	4.494	3.634	3.239	3.007	2.852	2.741	2.657	2.591	2.538	2.494
17	4.451	3.592	3.197	2.965	2.810	2.699	2.614	2.548	2.494	2.450
18	4.414	3.555	3.160	2.928	2.773	2.661	2.577	2.510	2.456	2.412
19	4.381	3.522	3.127	2.895	2.740	2.628	2.544	2.477	2.423	2.378
20	4.351	3.493	3.098	2.866	2.711	2.599	2.514	2.447	2.393	2.348
21	4.325	3.467	3.072	2.840	2.685	2.573	2.488	2.420	2.366	2.321
22	4.301	3.443	3.049	2.817	2.661	2.549	2.464	2.397	2.342	2.297
23	4.279	3.422	3.028	2.796	2.640	2.528	2.442	2.375	2.320	2.275
24	4.260	3.403	3.009	2.776	2.621	2.508	2.423	2.355	2.300	2.255
25	4.242	3.385	2.991	2.759	2.603	2.490	2.405	2.337	2.282	2.236
26	4.225	3.369	2.975	2.743	2.587	2.474	2.388	2.321	2.265	2.220
27	4.210	3.354	2.960	2.728	2.572	2.459	2.373	2.305	2.250	2.204
28	4.196	3.340	2.947	2.714	2.558	2.445	2.359	2.291	2.236	2.190
29	4.183	3.328	2.934	2.701	2.545	2.432	2.346	2.278	2.223	2.177
30	4.171	3.316	2.922	2.690	2.534	2.421	2.334	2.266	2.211	2.165
40	4.085	3.232	2.839	2.606	2.449	2.336	2.249	2.180	2.124	2.077
60	4.001	3.150	2.758	2.525	2.368	2.254	2.167	2.097	2.040	1.993
120	3.920	3.072	2.680	2.447	2.290	2.175	2.087	2.016	1.959	1.910
∞	3.841	2.996	2.605	2.372	2.214	2.099	2.010	1.938	1.880	1.831

付　表

12	14	16	18	20	25	30	40	60	120	∞
243.9	245.4	246.5	247.3	248.0	249.3	250.1	251.1	252.2	253.3	254.3
19.41	19.42	19.43	19.44	19.45	19.46	19.46	19.47	19.48	19.49	19.50
8.745	8.715	8.692	8.675	8.660	8.634	8.617	8.594	8.572	8.549	8.526
5.912	5.873	5.844	5.821	5.803	5.769	5.746	5.717	5.688	5.658	5.628
4.678	4.636	4.604	4.579	4.558	4.521	4.496	4.464	4.431	4.398	4.365
4.000	3.956	3.922	3.896	3.874	3.835	3.808	3.774	3.740	3.705	3.669
3.575	3.529	3.494	3.467	3.445	3.404	3.376	3.340	3.304	3.267	3.230
3.284	3.237	3.202	3.173	3.150	3.108	3.079	3.043	3.005	2.967	2.928
3.073	3.025	2.989	2.960	2.936	2.893	2.864	2.826	2.787	2.748	2.707
2.913	2.865	2.828	2.798	2.774	2.730	2.700	2.661	2.621	2.580	2.538
2.788	2.739	2.701	2.671	2.646	2.601	2.570	2.531	2.490	2.448	2.404
2.687	2.637	2.599	2.568	2.544	2.498	2.466	2.426	2.384	2.341	2.296
2.604	2.554	2.515	2.484	2.459	2.412	2.380	2.339	2.297	2.252	2.206
2.534	2.484	2.445	2.413	2.388	2.341	2.308	2.266	2.223	2.178	2.131
2.475	2.424	2.385	2.353	2.328	2.280	2.247	2.204	2.160	2.114	2.066
2.425	2.373	2.333	2.302	2.276	2.227	2.194	2.151	2.106	2.059	2.010
2.381	2.329	2.289	2.257	2.230	2.181	2.148	2.104	2.058	2.011	1.960
2.342	2.290	2.250	2.217	2.191	2.141	2.107	2.063	2.017	1.968	1.917
2.308	2.256	2.215	2.182	2.155	2.106	2.071	2.026	1.980	1.930	1.878
2.278	2.225	2.184	2.151	2.124	2.074	2.039	1.994	1.946	1.896	1.843
2.250	2.197	2.156	2.123	2.096	2.045	2.010	1.965	1.916	1.866	1.812
2.226	2.173	2.131	2.098	2.071	2.020	1.984	1.938	1.889	1.838	1.783
2.204	2.150	2.109	2.075	2.048	1.996	1.961	1.914	1.865	1.813	1.757
2.183	2.130	2.088	2.054	2.027	1.975	1.939	1.892	1.842	1.790	1.733
2.165	2.111	2.069	2.035	2.007	1.955	1.919	1.872	1.822	1.768	1.711
2.148	2.094	2.052	2.018	1.990	1.938	1.901	1.853	1.803	1.749	1.691
2.132	2.078	2.036	2.002	1.974	1.921	1.884	1.836	1.785	1.731	1.672
2.118	2.064	2.021	1.987	1.959	1.906	1.869	1.820	1.769	1.714	1.654
2.104	2.050	2.007	1.973	1.945	1.891	1.854	1.806	1.754	1.698	1.638
2.092	2.037	1.995	1.960	1.932	1.878	1.841	1.792	1.740	1.683	1.622
2.003	1.948	1.904	1.868	1.839	1.783	1.744	1.693	1.637	1.577	1.509
1.917	1.860	1.815	1.778	1.748	1.690	1.649	1.594	1.534	1.467	1.389
1.834	1.775	1.728	1.690	1.659	1.598	1.554	1.495	1.429	1.352	1.254
1.752	1.692	1.644	1.604	1.571	1.506	1.459	1.394	1.318	1.221	1.000

$\alpha = 0.025$

n\m	1	2	3	4	5	6	7	8	9	10
1	647.8	799.5	864.2	899.6	921.8	937.1	948.2	956.7	963.3	968.6
2	38.51	39.00	39.17	39.25	39.30	39.33	39.36	39.37	39.39	39.40
3	17.44	16.04	15.44	15.10	14.88	14.73	14.62	14.54	14.47	14.42
4	12.22	10.65	9.979	9.605	9.364	9.197	9.074	8.980	8.905	8.844
5	10.01	8.434	7.764	7.388	7.146	6.978	6.853	6.757	6.681	6.619
6	8.813	7.260	6.599	6.227	5.988	5.820	5.695	5.600	5.523	5.461
7	8.073	6.542	5.890	5.523	5.285	5.119	4.995	4.899	4.823	4.761
8	7.571	6.059	5.416	5.053	4.817	4.652	4.529	4.433	4.357	4.295
9	7.209	5.715	5.078	4.718	4.484	4.320	4.197	4.102	4.026	3.964
10	6.937	5.456	4.826	4.468	4.236	4.072	3.950	3.855	3.779	3.717
11	6.724	5.256	4.630	4.275	4.044	3.881	3.759	3.664	3.588	3.526
12	6.554	5.096	4.474	4.121	3.891	3.728	3.607	3.512	3.436	3.374
13	6.414	4.965	4.347	3.996	3.767	3.604	3.483	3.388	3.312	3.250
14	6.298	4.857	4.242	3.892	3.663	3.501	3.380	3.285	3.209	3.147
15	6.200	4.765	4.153	3.804	3.576	3.415	3.293	3.199	3.123	3.060
16	6.115	4.687	4.077	3.729	3.502	3.341	3.219	3.125	3.049	2.986
17	6.042	4.619	4.011	3.665	3.438	3.277	3.156	3.061	2.985	2.922
18	5.978	4.560	3.954	3.608	3.382	3.221	3.100	3.005	2.929	2.866
19	5.922	4.508	3.903	3.559	3.333	3.172	3.051	2.956	2.880	2.817
20	5.871	4.461	3.859	3.515	3.289	3.128	3.007	2.913	2.837	2.774
21	5.827	4.420	3.819	3.475	3.250	3.090	2.969	2.874	2.798	2.735
22	5.786	4.383	3.783	3.440	3.215	3.055	2.934	2.839	2.763	2.700
23	5.750	4.349	3.750	3.408	3.183	3.023	2.902	2.808	2.731	2.668
24	5.717	4.319	3.721	3.379	3.155	2.995	2.874	2.779	2.703	2.640
25	5.686	4.291	3.694	3.353	3.129	2.969	2.848	2.753	2.677	2.613
26	5.659	4.265	3.670	3.329	3.105	2.945	2.824	2.729	2.653	2.590
27	5.633	4.242	3.647	3.307	3.083	2.923	2.802	2.707	2.631	2.568
28	5.610	4.221	3.626	3.286	3.063	2.903	2.782	2.687	2.611	2.547
29	5.588	4.201	3.607	3.267	3.044	2.884	2.763	2.669	2.592	2.529
30	5.568	4.182	3.589	3.250	3.026	2.867	2.746	2.651	2.575	2.511
40	5.424	4.051	3.463	3.126	2.904	2.744	2.624	2.529	2.452	2.388
60	5.286	3.925	3.343	3.008	2.786	2.627	2.507	2.412	2.334	2.270
120	5.152	3.805	3.227	2.894	2.674	2.515	2.395	2.299	2.222	2.157
∞	5.024	3.689	3.116	2.786	2.567	2.408	2.288	2.192	2.114	2.048

12	14	16	18	20	25	30	40	60	120	∞
976.7	982.5	986.9	990.3	993.1	998.1	1001	1006	1010	1014	1018
39.41	39.43	39.44	39.44	39.45	39.46	39.46	39.47	39.48	39.49	39.50
14.34	14.28	14.23	14.20	14.17	14.12	14.08	14.04	13.99	13.95	13.90
8.751	8.684	8.633	8.592	8.560	8.501	8.461	8.411	8.360	8.309	8.257
6.525	6.456	6.403	6.362	6.329	6.268	6.227	6.175	6.123	6.069	6.015
5.366	5.297	5.244	5.202	5.168	5.107	5.065	5.012	4.959	4.904	4.849
4.666	4.596	4.543	4.501	4.467	4.405	4.362	4.309	4.254	4.199	4.142
4.200	4.130	4.076	4.034	3.999	3.937	3.894	3.840	3.784	3.728	3.670
3.868	3.798	3.744	3.701	3.667	3.604	3.560	3.505	3.449	3.392	3.333
3.621	3.550	3.496	3.453	3.419	3.355	3.311	3.255	3.198	3.140	3.080
3.430	3.359	3.304	3.261	3.226	3.162	3.118	3.061	3.004	2.944	2.883
3.277	3.206	3.152	3.109	3.073	3.008	2.963	2.906	2.848	2.787	2.725
3.153	3.082	3.027	2.983	2.948	2.882	2.837	2.780	2.720	2.659	2.595
3.050	2.979	2.923	2.879	2.844	2.778	2.732	2.674	2.614	2.552	2.487
2.963	2.891	2.836	2.792	2.756	2.690	2.644	2.585	2.524	2.461	2.395
2.889	2.817	2.761	2.717	2.681	2.614	2.568	2.509	2.447	2.383	2.316
2.825	2.753	2.697	2.652	2.616	2.548	2.502	2.442	2.380	2.315	2.247
2.769	2.696	2.640	2.596	2.559	2.491	2.445	2.384	2.321	2.256	2.187
2.720	2.647	2.591	2.546	2.509	2.441	2.394	2.333	2.270	2.203	2.133
2.676	2.603	2.547	2.501	2.464	2.396	2.349	2.287	2.223	2.156	2.085
2.637	2.564	2.507	2.462	2.425	2.356	2.308	2.246	2.182	2.114	2.042
2.602	2.528	2.472	2.426	2.389	2.320	2.272	2.210	2.145	2.076	2.003
2.570	2.497	2.440	2.394	2.357	2.287	2.239	2.176	2.111	2.041	1.968
2.541	2.468	2.411	2.365	2.327	2.257	2.209	2.146	2.080	2.010	1.935
2.515	2.441	2.384	2.338	2.300	2.230	2.182	2.118	2.052	1.981	1.906
2.491	2.417	2.360	2.314	2.276	2.205	2.157	2.093	2.026	1.954	1.878
2.469	2.395	2.337	2.291	2.253	2.183	2.133	2.069	2.002	1.930	1.853
2.448	2.374	2.317	2.270	2.232	2.161	2.112	2.048	1.980	1.907	1.829
2.430	2.355	2.298	2.251	2.213	2.142	2.092	2.028	1.959	1.886	1.807
2.412	2.338	2.280	2.233	2.195	2.124	2.074	2.009	1.940	1.866	1.787
2.288	2.213	2.154	2.107	2.068	1.994	1.943	1.875	1.803	1.724	1.637
2.169	2.093	2.033	1.985	1.944	1.869	1.815	1.744	1.667	1.581	1.482
2.055	1.977	1.916	1.866	1.825	1.746	1.690	1.614	1.530	1.433	1.310
1.945	1.866	1.803	1.751	1.708	1.626	1.566	1.484	1.388	1.268	1.000

$\alpha = 0.01$

n\m	1	2	3	4	5	6	7	8	9	10
1	4052	5000	5403	5625	5764	5859	5928	5981	6022	6056
2	98.50	99.00	99.17	99.25	99.30	99.33	99.36	99.37	99.39	99.40
3	34.12	30.82	29.46	28.71	28.24	27.91	27.67	27.49	27.35	27.23
4	21.20	18.00	16.69	15.98	15.52	15.21	14.98	14.80	14.66	14.55
5	16.26	13.27	12.06	11.39	10.97	10.67	10.46	10.29	10.16	10.05
6	13.75	10.92	9.780	9.148	8.746	8.466	8.260	8.102	7.976	7.874
7	12.25	9.547	8.451	7.847	7.460	7.191	6.993	6.840	6.719	6.620
8	11.26	8.649	7.591	7.006	6.632	6.371	6.178	6.029	5.911	5.814
9	10.56	8.022	6.992	6.422	6.057	5.802	5.613	5.467	5.351	5.257
10	10.04	7.559	6.552	5.994	5.636	5.386	5.200	5.057	4.942	4.849
11	9.646	7.206	6.217	5.668	5.316	5.069	4.886	4.744	4.632	4.539
12	9.330	6.927	5.953	5.412	5.064	4.821	4.640	4.499	4.388	4.296
13	9.074	6.701	5.739	5.205	4.862	4.620	4.441	4.302	4.191	4.100
14	8.862	6.515	5.564	5.035	4.695	4.456	4.278	4.140	4.030	3.939
15	8.683	6.359	5.417	4.893	4.556	4.318	4.142	4.004	3.895	3.805
16	8.531	6.226	5.292	4.773	4.437	4.202	4.026	3.890	3.780	3.691
17	8.400	6.112	5.185	4.669	4.336	4.102	3.927	3.791	3.682	3.593
18	8.285	6.013	5.092	4.579	4.248	4.015	3.841	3.705	3.597	3.508
19	8.185	5.926	5.010	4.500	4.171	3.939	3.765	3.631	3.523	3.434
20	8.096	5.849	4.938	4.431	4.103	3.871	3.699	3.564	3.457	3.368
21	8.017	5.780	4.874	4.369	4.042	3.812	3.640	3.506	3.398	3.310
22	7.945	5.719	4.817	4.313	3.988	3.758	3.587	3.453	3.346	3.258
23	7.881	5.664	4.765	4.264	3.939	3.710	3.539	3.406	3.299	3.211
24	7.823	5.614	4.718	4.218	3.895	3.667	3.496	3.363	3.256	3.168
25	7.770	5.568	4.675	4.177	3.855	3.627	3.457	3.324	3.217	3.129
26	7.721	5.526	4.637	4.140	3.818	3.591	3.421	3.288	3.182	3.094
27	7.677	5.488	4.601	4.106	3.785	3.558	3.388	3.256	3.149	3.062
28	7.636	5.453	4.568	4.074	3.754	3.528	3.358	3.226	3.120	3.032
29	7.598	5.420	4.538	4.045	3.725	3.499	3.330	3.198	3.092	3.005
30	7.562	5.390	4.510	4.018	3.699	3.473	3.304	3.173	3.067	2.979
40	7.314	5.179	4.313	3.828	3.514	3.291	3.124	2.993	2.888	2.801
60	7.077	4.977	4.126	3.649	3.339	3.119	2.953	2.823	2.718	2.632
120	6.851	4.787	3.949	3.480	3.174	2.956	2.792	2.663	2.559	2.472
∞	6.635	4.605	3.782	3.319	3.017	2.802	2.639	2.511	2.407	2.321

12	14	16	18	20	25	30	40	60	120	∞
6106	6143	6170	6192	6209	6240	6261	6287	6313	6339	6366
99.42	99.43	99.44	99.44	99.45	99.46	99.47	99.47	99.48	99.49	99.50
27.05	26.92	26.83	26.75	26.69	26.58	26.50	26.41	26.32	26.22	26.13
14.37	14.25	14.15	14.08	14.02	13.91	13.84	13.75	13.65	13.56	13.46
9.888	9.770	9.680	9.610	9.553	9.449	9.379	9.291	9.202	9.112	9.020
7.718	7.605	7.519	7.451	7.396	7.296	7.229	7.143	7.057	6.969	6.880
6.469	6.359	6.275	6.209	6.155	6.058	5.992	5.908	5.824	5.737	5.650
5.667	5.559	5.477	5.412	5.359	5.263	5.198	5.116	5.032	4.946	4.859
5.111	5.005	4.924	4.860	4.808	4.713	4.649	4.567	4.483	4.398	4.311
4.706	4.601	4.520	4.457	4.405	4.311	4.247	4.165	4.082	3.996	3.909
4.397	4.293	4.213	4.150	4.099	4.005	3.941	3.860	3.776	3.690	3.602
4.155	4.052	3.972	3.909	3.858	3.765	3.701	3.619	3.535	3.449	3.361
3.960	3.857	3.778	3.716	3.665	3.571	3.507	3.425	3.341	3.255	3.165
3.800	3.698	3.619	3.556	3.505	3.412	3.348	3.266	3.181	3.094	3.004
3.666	3.564	3.485	3.423	3.372	3.278	3.214	3.132	3.047	2.959	2.868
3.553	3.451	3.372	3.310	3.259	3.165	3.101	3.018	2.933	2.845	2.753
3.455	3.353	3.275	3.212	3.162	3.068	3.003	2.920	2.835	2.746	2.653
3.371	3.269	3.190	3.128	3.077	2.983	2.919	2.835	2.749	2.660	2.566
3.297	3.195	3.116	3.054	3.003	2.909	2.844	2.761	2.674	2.584	2.489
3.231	3.130	3.051	2.989	2.938	2.843	2.778	2.695	2.608	2.517	2.421
3.173	3.072	2.993	2.931	2.880	2.785	2.720	2.636	2.548	2.457	2.360
3.121	3.019	2.941	2.879	2.827	2.733	2.667	2.583	2.495	2.403	2.305
3.074	2.973	2.894	2.832	2.781	2.686	2.620	2.535	2.447	2.354	2.256
3.032	2.930	2.852	2.789	2.738	2.643	2.577	2.492	2.403	2.310	2.211
2.993	2.892	2.813	2.751	2.699	2.604	2.538	2.453	2.364	2.270	2.169
2.958	2.857	2.778	2.715	2.664	2.569	2.503	2.417	2.327	2.233	2.131
2.926	2.824	2.746	2.683	2.632	2.536	2.470	2.384	2.294	2.198	2.097
2.896	2.795	2.716	2.653	2.602	2.506	2.440	2.354	2.263	2.167	2.064
2.868	2.767	2.689	2.626	2.574	2.478	2.412	2.325	2.234	2.138	2.034
2.843	2.742	2.663	2.600	2.549	2.453	2.386	2.299	2.208	2.111	2.006
2.665	2.563	2.484	2.421	2.369	2.271	2.203	2.114	2.019	1.917	1.805
2.496	2.394	2.315	2.251	2.198	2.098	2.028	1.936	1.836	1.726	1.601
2.336	2.234	2.154	2.089	2.035	1.932	1.860	1.763	1.656	1.533	1.381
2.185	2.082	2.000	1.934	1.878	1.773	1.696	1.592	1.473	1.325	1.000

参 考 書

　確率，統計については非常にたくさんの本があるが，本書を書くときに参考にしたものを以下に挙げておく．

　統計の入門書としては

[1] 押川元重，阪口紘治共著「基礎統計学」（培風館）
[2] 篠崎信雄，竹内秀一共著「統計解析入門［第2版］」（サイエンス社）
[3] 北川敏男，稲葉三男共著「統計学通論」（共立出版）

がある．[1] は分散分析についても詳しく説明しており，[2] は統計解析について豊富な例題を挙げ詳しく書かれている．[3] は統計入門の古典ともいうべきもので，多くの本がこの本を参考に書かれている．

　確率論の本としては

[4] 国沢清典，羽鳥裕久共著「初等確率論」（培風館）
[5] 本間鶴千代著「確率」（筑摩書房）
[6] 伊藤清著「確率論」（岩波書店）

がある．これらは理論的に丁寧に書かれている．

　また数理統計として理論的にきっちりと書かれた本として

[7] 柳川堯著「統計数学」（近代科学社）
[8] 稲垣宣生著「数理統計学」（裳華房）
[9] 野田一雄，宮岡悦良共著「数理統計学の基礎」（共立出版）

がある．これらはかなり数学的に書かれており，理系の学生向きである．

　コンピュータを使ったグラフ処理の本としては

[10] 脇本和昌，垂水共之，田中豊共編著「パソコン統計解析ハンドブック・グラフィックス編」（共立出版）

がある．

索　引

あ行

一元配置実験　113
一元配置分散分析　113
一致推定量　72

上側四分位点　66
上側信頼限界　79
上側 α-点　28
ウェルチの検定　100

折れ線グラフ　64

か行

回帰関数　131
回帰直線　132
回帰分析　131
階級　64
階乗　11
確率の基本性質　3
確率分布　17
確率分布関数　26
確率変数　17
確率密度関数　21
片側検定　90
片側信頼区間　84
ガンマ分布　40

幾何分布　39
期待値　46
帰無仮説　90

共分散　55
寄与率　134

空事象　1, 2
区間推定　70, 78
組合せ　11
クモの巣グラフ　69

決定係数　134
検出力　107
検定統計量　90

高度に有意　90, 116
コーシー分布　40
誤差平方和　114
根元事象　2

さ行

最小2乗法　131
最尤推定値　76
最尤推定量　76
最尤法　76
残差平方和　114
散布図　67

試行　2
事象　1
事象の独立　6
指数分布　23
下側四分位点　66
下側信頼限界　79
実現値　70

180　　　　　　　　索　引

重回帰分析　141
周辺確率密度関数　31
周辺分布　29
順序統計量　71
順列　11
条件付き確率　6
信頼区間　79
信頼係数　79
信頼度　79
信頼率　79

水準　114
推定　70
推定値　71
推定量　71

正規分布　24, 32
正規分布の再生性　35
正の相関　68
積事象　2
線形単回帰　132
全事象　1, 2

相関係数　57
相関分析　127

た　行

ダイアグラム　69
第1種の誤り　107
大数の法則　73
対数尤度関数　76
第2種の誤り　107
対立仮説　90
多項分布　30
多次元正規分布　41
多次元分布　29

チェビシェフの不等式　72

中心極限定理　60
超幾何分布　39

適合度検定　123
点推定　70

統計的仮説検定　88, 90
統計量　79
同時確率密度関数　31
同時分布　29
特性関数　61
独立　9, 32
度数　64
度数分布　63
度数分布表　63
ド・モアブル-ラプラスの定理　60

な　行

二元配置実験　119
二元配置分散分析　119
二項定理　13
二項分布　18

は　行

排反事象　2
箱ひげ図　66
外れ値　66
パラメータ　70
半数補正　61

ヒストグラム　64
標準化　25
標準正規分布　24
標準偏差　53
標本相関係数　68
標本中央値　64
標本中央量　71

標本分散　65
標本平均　57, 65, 70
比率　86

フィッシャーの z-変換　130
負の相関　68
不偏推定量　73
不偏標本共分散　75
不偏標本分散　74
不良率　15, 19, 106
分散　52, 64
分布　17
分布関数　26

平均　46, 64
ベイズの定理　14
ベータ分布　40

ポアソン分布　20
母集団分布　70
母数　70
母相関係数　70, 127
母分散　70
母平均　70

ま　行

密度関数　21

無作為標本　70
無相関　68

メディアン　64, 71

や　行

有意　90, 116
有意確率　89
有意水準　90
尤度関数　76

要因　114
余事象　2

ら　行

離散型一様分布　18
離散型確率変数　18
両側検定　90
両側信頼区間　84

レーダーチャート　69
連続型一様分布　23
連続型確率変数　21

わ　行

和事象　2

数字・欧字

2次形式　42
F-分布　38
χ^2-検定　124
χ^2-分布　36
t-分布　37

著者略歴

前　園　宜　彦
　　まえ　　その　　よし　　ひこ

1979 年　九州大学理学部数学科卒業
1984 年　九州大学理学研究科博士課程単位取得退学
現　在　九州大学名誉教授　理学博士
　　　　中央大学理工学部教授

主要著書

統計的推測の漸近理論　（九州大学出版会）
詳解演習 確率統計　（サイエンス社）
ノンパラメトリック統計　（共立出版）

数学基礎コース＝Q5

概説 確率統計 [第3版]

1999 年 12 月 25 日 ⓒ	初　版　発　行
2009 年　2 月 10 日	初版第13刷発行
2009 年　9 月 10 日 ⓒ	第　2　版　発　行
2018 年　2 月 10 日	第 2 版13刷発行
2018 年 10 月 10 日 ⓒ	第　3　版　発　行
2023 年 10 月 10 日	第 3 版 8 刷発行

著　者　前園宜彦　　　　発行者　森平敏孝
　　　　　　　　　　　　印刷者　篠倉奈緒美
　　　　　　　　　　　　製本者　小西惠介

発行所　　株式会社　サイエンス社

〒 151-0051　東京都渋谷区千駄ヶ谷1丁目3番25号
営業 ☎ (03) 5474-8500　(代)　振替 00170-7-2387
編集 ☎ (03) 5474-8600　(代)
FAX ☎ (03) 5474-8900

印刷　（株）ディグ　　　　　製本　ブックアート

《検印省略》
本書の内容を無断で複写複製することは、著作者および
出版者の権利を侵害することがありますので、その場合
にはあらかじめ小社あて許諾をお求め下さい。

サイエンス社のホームページのご案内
http://www.saiensu.co.jp
ご意見・ご要望は
rikei@saiensu.co.jp　まで。

ISBN978-4-7819-1433-6

PRINTED IN JAPAN

データ科学入門 I・II
I : －データに基づく意思決定の基礎－
II : －特徴記述・構造推定・予測 ― 回帰と分類を例に－
　　松嶋敏泰監修・早稲田大学データ科学教育チーム著
　　2色刷・A5・I : 本体1900円，II : 本体2000円

ガイダンス 確率統計
　　石谷謙介著　　A5・本体2000円

統計的データ解析の基本
　　山田・松浦共著　　A5・本体2550円

実験計画法の活かし方
－技術開発事例とその秘訣－
　　山田編著　葛谷・久保田・澤田・角谷・吉野共著
　　2色刷・A5・本体2700円

詳解演習 確率統計
　　前園宜彦著　　2色刷・A5・本体1800円

実習 R言語による統計学
　　内田・笹木・佐野共著　2色刷・B5・本体1800円

実習 R言語による多変量解析
－基礎から機械学習まで－
　　内田・佐野(夏)・佐野(雅)・下野共著　2色刷・B5・本体1600円

　　＊表示価格は全て税抜きです．

サイエンス社